JN234148

百姓の川　球磨・川辺

ダムって、何だ

中里喜昭

新評論

いんとろ

　川辺川ダム問題といえば、いまでは長良川河口堰や吉野川第十堰、諫早湾閉め切り工事など、環境破壊と巨大公共事業とが真っ正面から衝突する国民的テーマの一つとして、誰知らぬ者もない。熊本県五木村の、役場や学校を含む中心部を水没させて建設しようという大規模ダムは、この川の流域だけでなく、本流である球磨川流域の住民にもさまざまな環境激変をもたらすだろう。だが、私ははじめから、川辺川ダムにとりわけ関心があったわけでもない。ダムどころか、川辺川という地名も位置もさっぱりだった。そんな私が、川辺川に関心をもちはじめ、やがてひっきりなしに出掛けていくようになる。

　きっかけは、福祉関係に働く女性からこの本の版元を通じ、ペートル会の地域での先進的な福祉活動をぜひ全国に紹介してくれ、と熱心にすすめられたからだ。老人性痴呆関係のルポを四冊著し、月刊誌「文藝春秋」などいくつかの紙誌にも書き、あちこちの自治体の講演会でしゃべってもいる者として、痴呆介護をふくむ先進の福祉活動があると聞いては無関心でおれない。だが、それより興味をもったのは、その「ペートル会」という社会福祉法人そのものだった。ペートル会は、当地のロシア正教徒の設立になるものであり、その実践が「先進福祉を切り開いている」

という。ロシア正教とは俗称で、正しくは東京・神田駿河台のニコライ堂を中央本部とする「日本ハリストス正教会」。ローマカトリックに対するビザンチンカトリックの流れに属する。

なんだこれは。五木村から切って落とす川辺川、その川に刻みつけられた深い渓谷。あの山深い谷間になんでロシア正教なのか……。

それから間もないある日、「朝日新聞」の朝刊でこんな記事を見つけた。

〈死者七十六人から同意書　川辺川土地改良訴訟で国認める〉

ひょっとしてこれ、あそこあたりの話ではないか、と思った。記事を要約すると、「国が相良村に予定している川辺川ダム建設に伴い、その下流一帯で土地改良事業が進められているが、農家の減少により計画を変更せざるを得なくなった。その際、国は法の規定により受益農家の三分の二の同意をとりつけたとしてきたが、同意者のうち、七十六人が同意を求めた一九九四年の時点で死亡していたことが八日、明らかになった」(一九九八年十月九日付)。中には、一九一五年(大正四)の死亡者もいたとか。

おいおい、これじゃまるでゴーゴリ(一八〇九〜五二)の帝政期ロシアを描いた長編小説『死せる魂』(一八四二年)の川辺川版ではないか。そして、とめどなく笑いがこみ上げてきた。

ゴーゴリ描く帝政期ロシアの農村と、ロシア正教徒の営む福祉施設や教会のある現代日本の谷間の状況とは、こうして一つのイメージに重なった。一〇〇年たっても変わらぬ役人の身勝手さ、鈍感さ。民衆へのドン底の愚弄《ぐろう》。近代以前の官僚機構と怒りつつよみがえる魂。何かあるぞ……、

日 新 聞 新聞定価 月ぎめ 3,925円(本体価格 3,738円、消費税 187円)、1部売り(税込み)朝刊 110円、夕刊 50円 第3種郵便物認可

死者76人から「同意書」

川辺川かんがい計画変更

国側、法廷で認める

原告住民「ずさん」と怒り

国が熊本県相良村に予定している川辺川ダムの建設に伴い、川辺川の下流一帯で進めている土地改良事業で、国側が計画変更の際に得たとする受益農家の三分の二以上の同意者のうち、七十六人が同意を求めた一九九四年の時点で死亡していたことが八日、明らかになった。計画変更をめぐる訴訟の中で、国自身が法廷で認めた。一五年（大正四年）に死亡している人もいた。国が計画変更の「錦の御旗」としていた同意書のずさんさに、原告団は強い怒りの声をあげている。

この土地改良事業は、川辺川ダムからの水で下流の人吉・球磨地方の七市町村の田畑をかんがいするもので、農水省が八三年度に着工。だが、国側は農家の減少を理由に対象面積を縮小、約四千人の受益農家のうち、法的に必要な三分の二以上に当たる約三千三百人の同意を取った、としていた。

これに対し、受益農家の約三分の一にあたる千百七十六人の農家が「農家負担の能力を度外視している」などと異議を申し立てたが、棄却されたため、九六年六月、そのうちの八百六十六人が農水省を相手取って棄却決定の取り消しを求めて提訴した。

原告側は同意書の信用性に疑問があると指摘。国側が提出した同意書に基づき、同意したとされる農家を面接調査した。その結果、①同意を取る公告前に七人が死亡していた②同姓同名によるダブリがある③法律に基づく資格者が疑わしい人が三十数人いる、ことなどを六月の前回口頭弁論で指摘した。

国側が新たに明らかにした七十六人の死亡者は、熊本県人吉市や多良木町などの住民で、広島市の人もいた。死亡時期は、最も古い一九一五年のほかにも戦前の人もおり、また、公告がされた九四年の人もいた。

原告側代理人によると、七日にあった双方の代理人の打ち合わせの席上、国側の代理人は「死亡者の数は今後、まだ増える可能性がある。また、六人を重複して数え十二人としていた」と述べたという。

このため八日の口頭弁論で原告側は、「なぜ死亡者が同意書の中に含まれていたのかを、次回までに書面で提出してほしい」と要求した。

梅山究原告団長（六七）の話　同意の取り方のずさんさは、ずっと指摘してきた。国側がずさんさを認めたことで、我々の主張の正当性が裏付けられた。国側はさらに詳しく調べてほしい。

阿部徳志・九州農政局管理課長の話　七十六人は亡くなっている可能性のある人数として出したもので、未確認の人も含まれている。正確な数は確認していない。裁判の中で明らかにしたい。

新藤宗幸・立教大学法学部教授（行政学）の話　署名が本人のものかどうか最終チェックする責任が行政側にはあり、明らかなミス。行政側はもう一度同意書を取り直すべきだろう。

川辺川土地改良

原告農家の意見聴かず

農政局「再評価」で要請拒否

今年度から導入された公共事業の再評価システムに基づき、国営川辺川土地改良事業（熊本県）の再評価を進めている九州農政局に「川辺川利水訴訟」の原告団が原告農家の意見を聴くよう求めた。これに対して農政局は7日、要請を全面的に拒否した。原告農家らは「一方的な意見を聴くだけで本当に再評価といえるのか」と疑問を投げかけている。

再評価システムは、今年度から農水や建設など6省庁が導入。事業開始後一定期間ごとに情勢の変化を踏まえた事業の再評価をし、必要に応じ事業の見直しなどの検討をする。

九州農政局管内では、事業開始から16年目を迎えた川辺川土地改良事業など8事業が今年度の再評価の対象で、農政局の担当部課長でつくる事業管理委員会が検討を進めている。

川辺川土地改良は、川辺川ダム建設に伴う利水事業。大学教授ら4人でつくる諮問機関の「第三者委員会」や、事業対象地区の7市町村、土地改良区などから事業に対する意見を聴き、現在、再評価の最終的な取りまとめに入っている。

「川辺川利水訴訟」は、地元農家が事業の計画変更に対する異議申し立てを棄却されたため、農水省を相手に起こしているもので、熊本地裁で係争中。原告団（補助参加も含め2060人）は「事業対象農家の半数を超える原告団の意見を聴かないのは不公平」として8月中旬、意見聴取を農政局に要請していた。

九州農政局は要請を拒否した理由について「県や市町村、土地改良区などの機関が地元の意見を代表していると認識している。原告団に対しては司法の場で国の主張を明らかにしたい」と言っている。

これに対し梅山究・原告団長は「再評価システムを導入しても、住民の意見に聞く耳を持たない農政局の態度は全く変わっていない」と話している。【平地 修】

中川義朗・熊本大法学部教授（行政法専攻）の話　本来の再評価システムを着実に実施し住民との信頼関係を築くためには、形式的な手法ではなく、財産や生活環境に影響を受ける住民の意見をじかに聴くことが必要不可欠だ。

死者の“同意”を報じる「朝日」（1998年10月9日付・上）と「毎日」（1998年9月8日付）の記事

と私は直感した。ここを抉《えぐ》れば、時代状況のハラワタみたいなものが必ず出てくるはずだ。いっちょう現場を見てやろう、と即座に思い決めたのだった。

ペートル会へ行くと、施設長の緒方礼子さん（以下、礼子先生）は気さくに会ってくれた。この、一体どこが「福祉の先進」なのかという点は、かなり長期にわたって職員や施設入所者の方々から取材したものを、この本の終章（七　いのちの十字路）に書いている。

あえて福祉問題を終わりに据えたのには理由がある。礼子先生も、彼女の夫である緒方俊一郎医師（社会福祉法人ペートル会理事長で緒方医院院長。以下、俊一郎先生）も、福祉問題だけでなく、医療の面から見た流域の人々の暮らしや環境、社会について、広くかつ深々と語ってくれたからだ。思いにこもる熱さがじかに伝わってきた。この夫妻にとって、病気とは単にコンピュータに取り込まれた病像データではない。病気は病人に属し、病人はその生活を営み、健常者や老いて力弱い人々もともに地域社会で生きている。こうした人々の暮らしを語りながら、すでに村落崩壊まで引き起こしつつある川辺川ダムの話が出てきたのである。ダムは、すなわち人々の生活文化変容の象徴なのだ。

ペートル会の医療と福祉のネットは、後述するように地域の暮らしの根っこにとどいている。逆に、その根っここそ、緒方家五代にわたる医家とペートル会組織を育んできたものだ。そうであれば、私はまず地域の暮らしを見て回ることからはじめなければならないだろう。

私は、どこの誰に会えば、どんな話が聞けるかを、礼子先生に尋ねた。そして、私の球磨川、

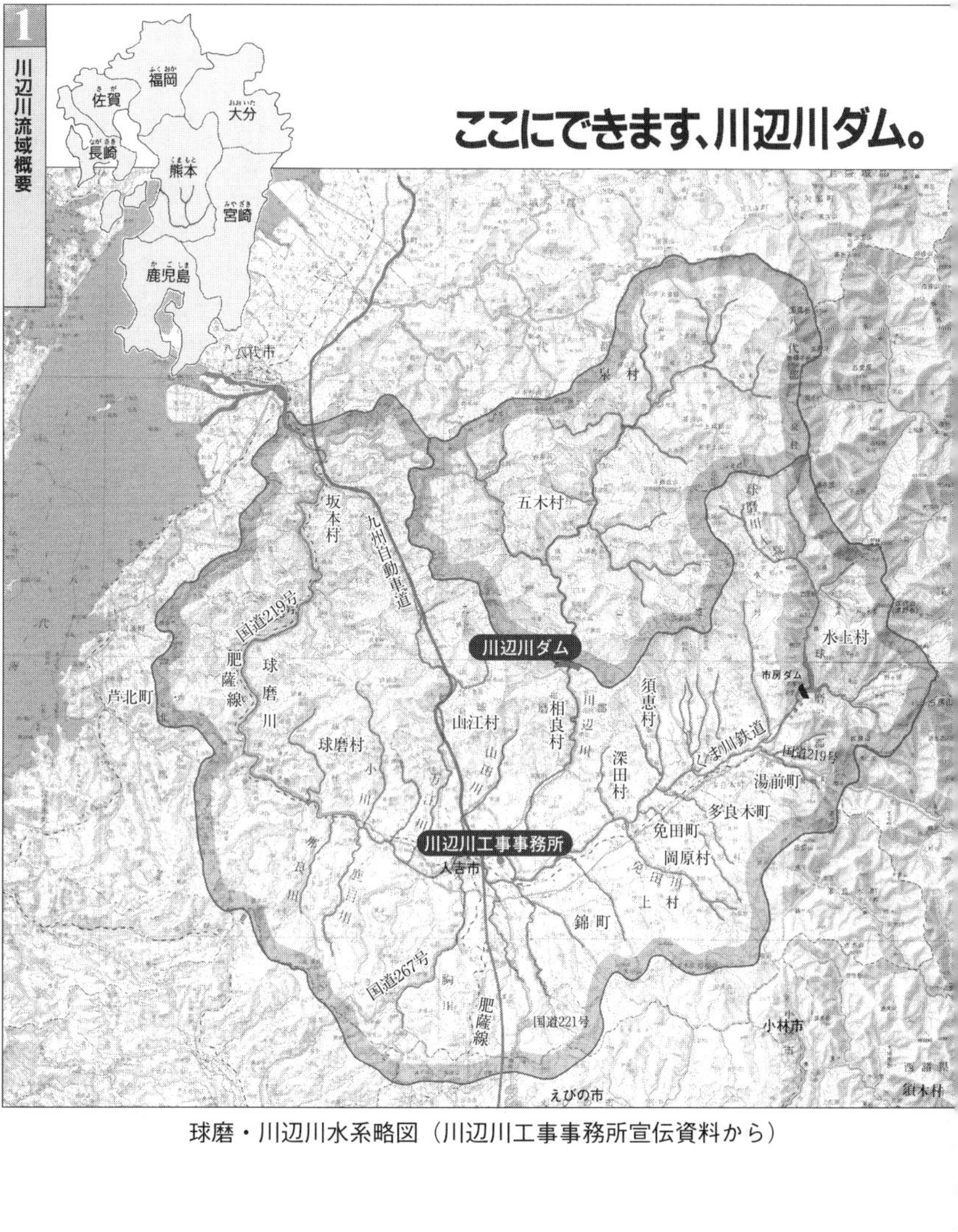

球磨・川辺川水系略図（川辺川工事事務所宣伝資料から）

球磨川本流と川辺川の合流点（川辺川問題資料集「かわべ川」川辺川現地調査実行委員会発行より。以下、かわべ川と略）

川辺川歩きは、ペートル会を私の取材行動と情報のベース・キャンプにしてはじまった。

利水のオヤダマ

有明海と不知火海（八代海）を右手に見ながら、熊本平野を坦々と南下する九州自動車道は、八代《やつしろ》からほぼ直角に内陸部へ入り鹿児島との県境へと向かい、ここから景色が一変する。九州南部の脊梁《せきりょう》山脈をしゃにむにぶち抜いた長いトンネルが連続し、切れ目に険しいV字形の谷がつかのま展《ひら》ける。十一月の雨催《あまもよ》い。雲母色の光線をはらんだまぶしい霧が谷にたちこめ、トンネルの切れぎれに鋭くフラッシュする。見下ろしの深い谷底を、細い川が針金のように光って流れていた。やがて車はビンの栓が抜けたようにに、人吉盆地のひらけた風景の中へポッカリと出ていく。

人吉市の人口は四万足らず。遠江国、いまの静岡県榛原郡相良町に発した鎌倉御家人相良氏が入部いらい、江戸末期までの七〇〇年を支配した城下町である。市内の真ん中を、雨紋を描いて球磨川が流れていた。長さ・一〇キロと短いが、富士川、最上川と並ぶ日本三大急流と謳われる。上流へ少し走ると、球磨川本流と川辺川の合流するあたりに、こんもりした高原《たかんばる》台地が現れた。雨がしばらく続いたこんな日は、見るだに清冽な川辺川と、水が腐ったといわれて久しい球磨川本流とが、川面にはっきり清濁《せいだく》の一線を画す。

本流より豊かな水流の川辺川をさかのぼってしばらく、熊本県球磨郡相良村の柳瀬大橋のたもとで車をすてた。とある屋敷の敷地内に別棟の平屋があり、それと分かる立看板や旗差物がはためく。「川辺川利水訴訟原告団」（以下、原告団）と「川辺川利水を考える会」（以下、考える会）の事務所である。

川辺川利水訴訟原告団団長梅山究さん。
（撮影井上亮介。以下、井上と略）

原告団の団長であり、考える会の顧問である梅山究さん（六十九歳）は、小柄だが剣道の段持ちのような鋭い眼光の人だった。

「お前は誰だ」ときく。紹介者の名を口にしたとたん、梅山さんの体の線がいっぺんに緩んだ。

「あ、緒方先生の――」

ちょっと居ずまいをただす感じに、両者の信頼のほどが見てとれた。緒方先生とは、すなわち俊一郎先生ないし礼子先生をさす。私に梅山さんと会うようすすめてくれたのは礼子先生のほうだ。

「梅山さんな『利水』の入り口、オヤダマですたい」

「オヤダマ」とは、親愛のこもるおどけた表現なのだが、こちらは勝手に、梁山泊にでもいそうな容貌魁偉の豪傑風キャラクターを想像していたものだ。案に相違のオヤダマ氏は、自在にパソコン情報を操り、論理の直截《ちょくせつ》をたっとぶ、当地きっての知識人だった。

国が建設をもくろむ川辺川ダムは、「治水」「利水」「発電」の三つの目的をもつ。その治水だが、計画発表の一九六六年（昭和四十一）から三十四年たつうちに状況はずいぶん変わった。戦後間もない乱伐《らんばつ》のため引き起こされた洪水も、植林や河川改修により当時の降雨量を吸収できるほど保水力が回復した。むしろダムそのものが脅威では、との不安が地元にはある。神奈川県丹沢の玄倉《くろくら》川のキャンパー遭難事故（一九九九年八月十四日）のように、増水のさい、ダムが行う緊急放水などが事故につながるというリスクも指摘されているからだ。

利水。不況下に目を剥くような巨費を投じる目的としては、いかにもウソっぽい。第一、もっとも水の必要な水田は国がむりやり減反させたではないか。当局じしん、計画変更せざるを得ないほど当該地域の農家は減少し、高齢化もすすんでいる。名産の相良茶など、あまり水がいらない作物が、農家の工夫と努力によって栽培されてもいる。水はもう間に合っているとして、梅山さんらの利水訴訟も起きているくらいだ。

発電はどうか。これまたゴーゴリ的ナンセンスのきわみである。新ダムの建設のため廃棄される既存発電所の発電量のほうが、新ダムの計画発電量より多いからだ。

目的のどれ一つとってみても、三十何年前に計画されたダムをいまさら造る意味はないのである。にもかかわらず、国は一九九九年度現在で二八〇〇億円余の税金をこれにあてた。利水訴訟は、死者から取った「同意」など手続きの不当をするどく指摘しつつ、国と自治体と農家個人に負担をかけるだけの事業の見直しを求めている。

こちらではよく「利水の入り口」とか「利水のオヤダマ」といったいい方をするが、「利水」「治水」「環境」とは、ダムの目的ごとにある問題点と、それぞれの問題点に向かい合う住民運動の両方をさしてそう呼ぶ。「利水」とは、ダムから農用水路を引く農水省の「川辺川土地改良事業」にたいし、それが不要であり、農家の同意の取り方も不当だとして行われている梅山さんらの訴訟および原告団、考える会などの全体をさす。同じように「治水」「環境」とは、それぞれのレヴェルからみた問題点と「清流くま川・川辺川を未来に手渡す流域郡市民の会」（以下、手渡す会。一四〇ページより詳述）などの市民グループをさす。礼子先生を訪ねるまで、私はそんなことさえ知らなかった。

「なーも知らんとですたい、私は」

梅山さんにそういった。後で恥をかかないために、はじめから正直に告白しておく。川や干潟の環境問題も、テレビや新聞で目にするからまるで知らなくはない。だが、そのため体を動かすまではしない層の、ごくごく平均レヴェル、ないしそれ以下。

「私んごたる無知モーマイな市民ば一匹でん変えたら、そっだけプラスと考えて下さい」

と、居直った。ほかに手がなかったのである。まったく、知らないくらい強いものはない。梅山さんは黙って座を離れ、立ち上げっ放しのパソコンから訴訟関係のフロー・チャートを打ち出し、それを示しながら当方の幼稚な質問にも一つ一つ親切に答えてくれた。

肩書きは「百姓」

私がその日最後にした質問は、彼の肩書きについてである。梅山さんが相良村の元教育長であること、そう紹介されるのが嫌いなことは事前に聞いていた。シャイな性格なんだろうけど、もらった名刺の肩に「百姓」とある。これはどういう意味か。

「私が百姓だから」というのがその答えだった。

「ふつう農民というい方をする。それはどこから出てくるかというと、市民に対する農民でしょ。ふつうの人という意味で一般市民とはいうが、ふつうの人を一般農民とか一般漁民などと呼ばない。つまり、せまく限定している。百姓は差別用語だという人もいるが、百姓はほんらい広い意味のある言葉です。だから、私は自分のことを『百姓』といってる」

なるほど。それで梅山さんや「利水」の人たちは、いろんな活動シーンで自ら「百姓、百姓」

と連発するわけだ。「山の中にこもって三年、晴耕雨読じゃありませんが毎日ジジイ、ババアに囲まれ、晴れれば農作業の手伝い、雨降れば弁護士のもとで裁判だの調停だの」やっている原告団事務局の林田直樹さんも、「利水」の人たちが行うパンフレットなどの出版活動への協力呼びかけのチラシに、「みなさんのおかげで百姓もここまで来ました！」と誇らかに書いている。

「百姓」を農業者に特定する言葉にしたのは、明治政府の虚構である。江戸時代を否定したいため、江戸期の社会を異様なほど農業中心の遅れた世界として図式的に描いたためだ。まるで、士農工商といういっちもさっちもいかぬ身分制度が、江戸時代にはあたかも厳然と存在していたかのように。

「実体としてそれはなかった、そんなものは儒者の農本主義からくる観念的概念に過ぎない」と、網野善彦氏はいう（『日本社会の歴史』岩波新書、一九九七年）。百姓とは、もともと平民・公民をさす。領主に私的に隷属する奴婢《ぬひ》のような不自由民ではなく、国家の公式の成員とされた自由民である。農業者だけを百姓といったのではない。

稲作農耕民族といいながら、江戸や大坂などの大都市以外に生活する日本人の多くが三度三度コメを食べていたわけではない。白米食が日常化したのは歴史的にはごく新しく、明治政府が陸軍を創設し、兵隊すべて一人一日六合の米穀を与える規則をつくったあたりからだ。国内で取れるコメだけでは足りず、植民地である朝鮮に産米強制までしてかき集めた。朝鮮収奪とその後の技術改良による収穫率向上が、日本人に日に三度の白いご飯を可能にしたのである。ついこの間まで、われわれ一般民衆の食卓にあったのはムギ、アワ、ヒエなどの雑穀およびその糧《かて》めし、イモやソバなどの代替主食であり、弥生期の食生活とたいして変わっていなかった。

古代から稲作適地以外の傾斜地、山林と耕地との中間地、河川敷などは、ソバ、ヒエ、キビ、サトイモの耕作適地であり、焼畑や茶畑、養蚕と絹織りを支える桑畑も多い。市房ダムができる一九六〇年代まで、球磨川のかなり下流にそそぐ深水川の川筋でも、焼畑《こば》農業が盛んだった。デンプン、サラシなど稲作以前の食品加工法などふくめ、それらは九州山地の険しい中央構造線をいまなお深々と彩る照葉樹林帯と、その樹林を食い破った氾濫原に生きる人吉・球磨地方の、農業者をふくむ百姓こそが守り育んできた文化である。川辺川流域もまた、柳田国男の『後狩詞記』(ちくま文庫版『柳田国男全集』第五巻所収、一九八九年)のフィールドである椎葉村《しいばむら》とは山づたいの天地なのだ。

天武時代の大宝令を見れば、国は班田収受の法による方形の地割の他の、それよりはるかに広大な山野河海は「公私その利を共にす」「無主」の地として共同利用されたらしい(網野善彦、前掲書参照)。百姓こそ、球磨川や川辺川べりの「無主」の地の主人公である。だが、明治からこっち、それまで百姓が管理・運営していた場所は、川だけでなく氾濫原、河川敷、水源林、中間地までをふくむ広大な土地が丸ごと国に囲い込まれていく。

「中央省庁等改革基本法」により、建設省は間もなく、運輸省や国土庁、北海道開発庁と合体されて「国土交通省」となる。職員七万人、財政投融資分をふくめ、年間四十兆円もの予算をブン廻す、世界に類を見ない巨大開発官庁が出現する。省庁の改革とは局の削減もふくむから、建設省の河川局の官僚たちもいまや生き残りを賭けた陣取り合戦に血マナコだ。川辺川ダムは、計画から三十四年間ですでに当初の八倍にあたる二六五〇億円もの総事業費をあらかた使いながら、まだ手つかずだったダム本体工事に、一九九九年度からはじめて本体着工分五億円をふくむ単年度一五一億円の駆けこみ予算がついた。着工すればこっちのもの、といわんばかりの素早いアクションは、もちろん先を見越した新設官庁内部の熾烈な陣取り合戦の成果である。そこに、旧河川局官僚の存亡を賭けた決意のほどもうかがえようではないか。

だが、役人や政治家の思惑だけで事を運ぶわけにはいくまい。球磨川、川辺川とともに代々何千何百年と生きてきているのは百姓なのだ。

もくじ

3 アユは車に乗って……69

4 湖底幻視

5 立ち上がる市民

6 よみがえる魂 …… 163

7 いのちの十字路……217

百姓の川　球磨・川辺——ダムって、何だ

1

球磨川下りを守る

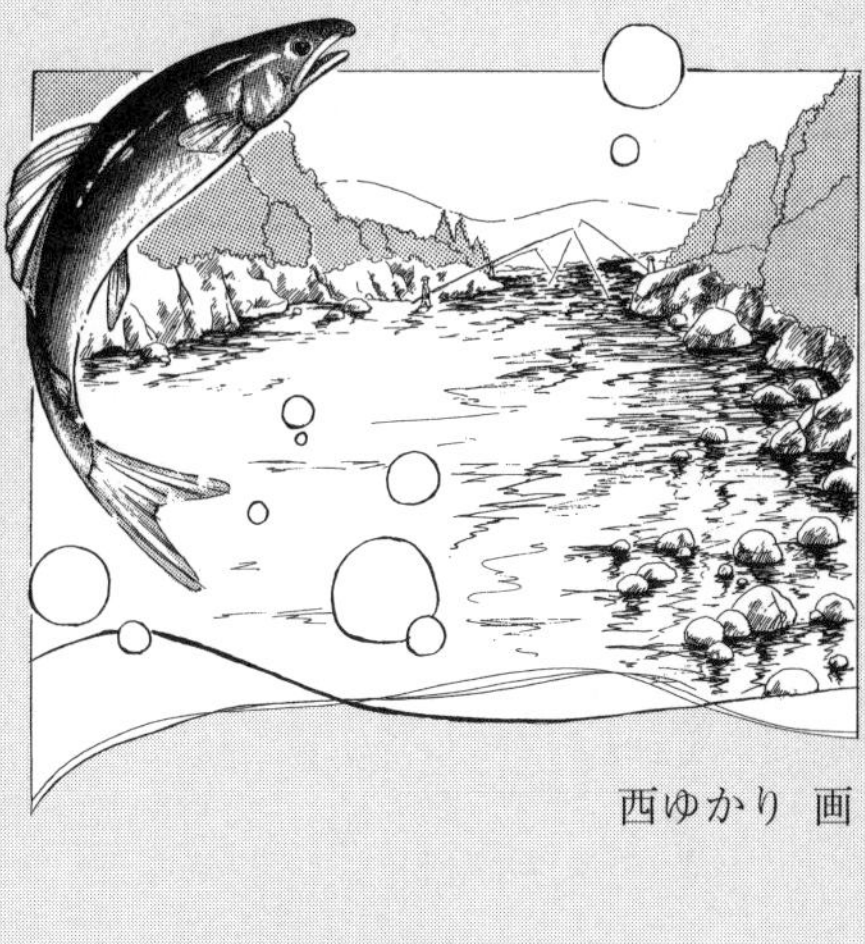

西ゆかり　画

川さえ暴れんなら

落ち着く先は九州相良……とある浄瑠璃『伊賀越道中双六』は、岡山藩士渡辺数馬と姉婿荒木又右衛門らの仇討を描く。モデルは、一六三四年（寛永十一）に実際にあった「伊賀越えの仇討」と呼ばれる事件である。赤穂浪士、曽我兄弟とともに天下三大仇討と称せられ、歌舞伎や浄瑠璃で昔から演じられてきた。

伊賀上野城下・鍵屋の辻で討ち果たされた敵役が河合又五郎。球磨川支流には、日本の名滝一〇〇選に選ばれた落差五十メートルの「鹿目の滝」があり、滝の裏山にその河合又五郎の屋敷跡がある。このあたり、キャンプ場としても人気のスポットだ。人吉城址には、土地出身の犬童球《いんどうきゅう》渓《けい》の(1)「故郷の廃家」の音楽碑があるし、歴代相良藩主と正室の、鎌倉期までさかのぼる墓塔を守る願成寺もある。一四九二年（明応元）にさかのぼる古湯の泉源が現在六十五本。温泉旅館九軒、公衆温泉浴場二十二軒をうるおし、市の経済をもうるおしている。

人吉城下の水ノ手橋の上手から白石までの二十四キロ、四十八瀬の急流を下るのが名にし負う「球磨川下り」のコース。江戸時代、相良氏の参勤交代が起源だという。街の美観の中心に人吉城址と豪快な流れがあり、初夏からこっち鮎竿が林立している。この不景気で温泉街の灯の色もやや薄く、夜は目抜き通りに人懐かしげなタヌキの親子がいたりする。赤提灯をともした店には、た

人吉盆地（人吉市役所観光振興課「くまもと　ひとよし」より）

いてい一人二人郷土愛に燃える地元の客がいて、伏流水と肥後米で醸す球磨焼酎の満《まん》を引きつつお国自慢を数えたてる。生まれも育ちも球磨川産の尺アユ、温泉、カヌー、急流下り……。川と山野の恵みこそ、彼ら球磨っ子の誇りである。そしてぼやく。

「川さえ暴れんならヨカつばってん」

そう、問題はまさにそこだ。

古記録からまとめた熊本県の防災誌などを見ても、「暴れ川」の暴れ方はハンパじゃない。一六六九年（寛文九）には死者十一人、浸水家屋一四三二戸、人吉大橋は流失、市街地に駆け上がった洪水が、相良藩主の氏神である青井阿

---

(1)（一八八四～一九四三）音楽教師、詩人。米人ヘイスの曲に作詞した「故郷の廃家」、米人オードウェイの曲に作詞し、明治『中等教育唱歌集』に収められた「旅愁」で知られる。

蘇神社楼門の三尺あまりを浸した。その六年後に死者四三二人、一七五五年（宝歴五）死者五〇六人、流失家屋二一一八戸、その後も数年に一度は一丈九尺（五・七メートル）にも及ぶ水面上昇を繰り返し、そのたびに死傷者や家屋・田畑の流失が続く。

熱硫酸と水銀

戦後、そんな暴れ川に転機が訪れる。発電ダムの建設ブームだった。五木村から不知火海まで流れ落ちるこの水量豊富な川を、一ミリの無駄なく階段状に堰きとめて電力をつくりだそうというのだ。のちに「水俣病」という未曽有の公害を引き起こしたチッソ（当時・新日本窒素肥料）も、球磨川に目をつけていた。話をすすめるためにも、まずこの企業の特質に触れておこう。

アメリカの対日石油禁輸制裁から真珠湾攻撃、広島・長崎への原爆投下で終わる太平洋戦争は、一面でエネルギー欠乏にあえぐ日本の七転八倒の全経過である。そんな時代を背景にすると、化学企業チッソの動きも浮き彫りに見えてくる。チッソは、植民地朝鮮で巨大な水力発電ダムを造り、朝鮮半島北部にある咸鏡南道《ハムギョンナンド》・興南《フンナム》の自社工場で使う安上がりの電力を生産しつつ、社名ゆかりの窒素肥料である硫安《りゅうあん》（硫酸アンモニウム）をつくって大儲けした。

そのチッソが、戦後は水俣工場を企業拠点にしていく。チッソは戦前から球磨川を自前の電力

チッソの川辺川第二発電所（著者）

源と見ていたし、川辺川第二発電所（八二〇〇kW）や五木村の頭地《とうち》発電所（五二〇〇kW）、竹ノ川発電所（三〇〇〇kW）など、川辺川ダムの計画湛水域内にもチッソがこれまで造ってきた発電所や取水口、堰堤《えんてい》があり、球磨川本流には資金が続かず放棄した施設もそのまま残っている。

　チッソによる自然環境破壊は、不知火海より前にまずは球磨川からはじまったのだ。忘れてならないのは、チッソが、環境破壊によるリスクなど一切《いっさい》考えずにすんだ植民地侵略企業の感覚を、球磨川水系から不知火海に至る地域に、朝鮮帰りの工場スタッフごともち越してきたことである。

　いまから三十年くらい前、私は全国の労働現場のルポ（『人間らしく働く』新日本出版社、一九七二年）を試み、チッソ水俣工場は何度も訪ねている。そのとき会ってくれた丁《ちょう》道明《みちあき》さんは六十二歳、チッソの元職制だった。丁さんは、アセトアルデヒドをつくる酢酸課に十八年、ポリ塩化ビニール(2)(以下、塩ビ)製造ラインに十三年という職歴をもつ。アセトアルデヒドは酢酸の原料であり、化学繊維アセテートや酢酸ビニール、染色剤、合成酢、アスピリン、写真用定着液、合成樹脂の溶剤アセトンなどの製造に欠かせない。アセトアルデヒドと塩ビは、ともにアセチレンの有機合成化学の代表的製品である。どちらも大きな需要があった。基礎となるアセチレンは、石灰石と石炭を高圧で焼結させたカーバイドに水を作用させてつくる。そのため、大量の電力が必要だった。チッソは、興南《フンナム》でも水俣でも工場立地にあたって真っ先に発電ダムを造り、安価な自家用電力を確保して、石灰と石炭からカーバイドをつくった。水俣の場合、石灰は天草から、石炭は三池、そして電力は球磨川・川辺川水系から得ている。チッソにとって、化学原料とエネルギーが最短距離で交わる水俣こそ、まさに地の利を得た生産基地だった。

アセトアルデヒド工場の生産ラインは、大ざっぱに分けてアセトアルデヒドをアセチレンから発生させる生成器の工程と、それを母液(熱した十七パーセントの希硫酸)中の他の化合物から抽出したり、生成に使って力の落ちた母液を新鮮なものに替えて活性化する工程に分けられる。生成器の内部は、反応を早めてアセトアルデヒドの生成をすすめるため、生成器底部の母液をポンプで抜き、上部に戻して還流させる。だが、母液は水銀塩をふくむ熱硫酸だから、ポンプそのものを絶えず腐食させ、穴の開いたポンプから吐気をもよおす悪臭とともにいきなり噴き出したりする。

母液は、水銀やアセトアルデヒドなどをふくむ、危ない茶色の液体だ。アセトアルデヒドは、母液中に生成されたものを分離してとりだす。完全には分離しきれないから、残留分があるだけ新しい生成の効率はだんだん落ちていく。力がなくなった母液は、生成器に入っている約七立方メートル全部を棄てて新液と入れ替える。そのため、母液といっしょに棄てられた触媒の硫酸水銀が、排水溝の底に沈んでギラギラと溜まっていた。排水溝はそのまま不知火海へと通じる。排水溝だけでなく、触媒として再生器に投入する金属水銀は細かな粒子になってあたりに散乱し、その微粒子が光りながら空中を漂うのが肉眼でも見えた。

酸化槽とは、弱ってきた母液に二酸化マンガンを入れ、酸化・活性化してふたたび生成器へ戻してやる装置である。内部には、作用を早めるため撹拌機の羽根が回っている。だが、二酸化マンガンは、母液に酸素を与えてしまうとただの石ころになった。むりに撹拌機を廻すと羽根が折れてしまう。へばりついたマンガン塊でにっちもさっちもいかなくなると、十立方メートルほどの槽内を空っぽにして掃除しなければならない。丁さんら作業者は、鉄棒を持って酸化槽の中へ入り、羽根にこびりついたマンガン塊をつつき落とす。あたりは熱硫酸に濡れていて、触れれば鉄棒でさえ水素ガスを吹きながら溶けはじめる。吐気のする刺激臭。タオルのマスクしかしていない作業者の誰もが、毒性のガスに喉をやられた。マンガンをすっかり掻き出し、母液は棄てる。

（2） チッソの製品名「ニポリット」。粉末状。溶剤を入れ加熱して成形する。

ここでも水銀は、まがまがしく輝いてあたりに飛び散った。

精溜塔というのは、弱ってきた母液を活性化する装置の一つだが、やはり、たびたび中へ入って修理や調整をする。ひどいときは何十キロもの水銀が溜まり、これも硫酸に濡れていた。触ると厚手の革手袋がべろりと溶け、作業服もいつのまにか母液がかかり、数日でボロけてくる。会社は作業服を支給してくれないから、自分で買わなければならない。しまいには穴だらけの服なぞ脱ぎ捨てて、フンドシ一つで働いた。皮膚が破れ、筋肉の層に赤黒さが染みて滞る。作業場の中は、いつ泡を噴いて飛び出すかしれない硫酸にそなえ、ホースから水が出しっ放しにしてあった。水銀を運ぶ石油缶の底は、床を流れる廃液中の水銀のため、薄い合金の膜ができてピカピカになっていた。

水銀は空中に広がり、木の椅子や机にもよく吸収された。服の繊維や細い髪の中に染み通り、髪の間にはさまっていた水銀は、食事のときに飯の上にポロポロ落ちてきた。床で電気溶接作業をしていたら、アークの熱で蒸発した水銀が溶接マスクの遮光ガラスをネズミ色に変えてしまったこともある。

戦後、丁《ちょう》さんが塩ビの工場へ移っても、水銀との縁は切れなかった。塩ビの原料となるモノマー・ガスを発生させる反応器からは、活性炭のカスとともに水銀が出る。触媒に昇汞《しょうこう》（塩化第二水銀）を使うからだ。床へ滴り落ちた水銀は、スコップですくえない。ホウキで集めても、すぐチリチリ逃げていく。ホースの水圧を高め、これも排水溝へ流しこむ。

不知火海への排水口がある百間《ひゃくま》という所では、ヘドロ一トン当たり二十キロの水銀が検出された。高価な水銀を回収するための会社さえできたくらいだ。棄てた水銀の量が、会社側で認めた分で八十一トン、熊本大学研究班推定で六〇〇トンとされる。ヘドロに混じりこんだメチル水銀の濃度が、仮に純粋な水銀の二十分の一になったとして、それは必ずしも毒性が薄くなったことにはならない。成人一人一日一ミリグラムの摂取で発病するメチル水銀の毒性から見れば、毒性が二十分の一に薄くなったということより、原因物質が二十倍の空間に拡散した事実のほうが重大だ。取材当時の水俣湾には、厚さ三十センチから三メートルの水銀ヘドロ層が、約六七万平方メートルの海底をびっしり覆っていた。

丁さんがチッソへ入社したのは一九三二年(昭和七)である。面接試験で「酢酸課は危険だよ。死んでもいいか」と聞かれたそうだ。それからさえ四十年以上の年月が経った。プランクトンが死に、貝が口を開け、舟にはカキもフナ虫もつかなくなり、ボラやスズキが何千尾も浮き上がり、水面をクルクル回り、魚をよく食べる猫がよだれを流し、際限もなく踊り出して狂って海へ飛び込む。カラスやトンビが飛べなくなり、猫やカラスなどの異常が人に現れるようになり、まるで異常がどんどん増殖し、異常が異常でなくなってしまうのを待つかのような長い長い年月の後、一九六八年九月、政府(厚生省)が〈熊本水俣病は新日窒水俣工場アセトアルデヒド酢酸設備内で生成されたメチル水銀化合物が原因〉と正式に断定。チッソもやっとそれらが自社の生産が引き起こした災厄《さいやく》のシステムであることを認めた。

硫安《りゅうあん》の原料は石灰窒素だが、原料から硫安をつくるまでに二つの国際特許が使われている。一九〇一年、ドイツからフランク・カロー（Frank Caro）の特許を得た石灰窒素製法と、一九二四年、イタリアのカザレー（Casale）法の特許である。どちらも世界に先駆けて買収し、人絹糸メーカーとして有名なベンベルグ社から導入した銅アンモニア法人絹製造法とを合わせて、チッソを支える技術の三本柱といわれた。

だが、チッソのそれらの技術導入のやり方は、たとえばカザレーのアンモニア合成法の場合、まだ実験段階のうちに技術を買いとり、いち早く工業化してマーケットを独占する戦略に集中した。大手企業や他社の追随を振り切るためである。そのさい、工業化にともなう安全設備や安全対策、働く人びとの安全教育などはまったくやらないか、極端に省略した。生産ラインの部署ごとに「神業」を生みださせるほど、システム操作の高い練度を求めながら、安全については無知にひとしい技術者。チッソは、意識的にそう仕向けたのではなかったか。

こうして、アセトアルデヒド生成母液のチェックをする若者数人が、母液をピペットという目盛のついたガラス管に口で吸い込み、ビーカーに移して、残留アセトアルデヒドの量や酸分を計測する分析作業中に死亡した。母液から出る水銀蒸気やさまざまな毒性ガスを、致死量以上に吸い込んだものと推測される。ガスをどれだけ吸えば死ぬかを、この青年技術者たちは知らされていなかった。一方、入社試験でわざわざ「死んでもよいか」と念を押すような会社が、生産ラインに潜む死の危険をまったく知らないなんてことがありうるだろうか。

三十一年間、命がけで働いてきた生産ラインが、沿岸住民をふくむ不知火海のありとあらゆる生物の危機をつくりだしていた。丁《ちょう》さんの胸中は察するにあまりある。職制だった彼は悩んだ揚げ句、チッソに対する補償を求めた裁判で、被災者側証人として法廷に立った。

熱い硫酸が噴きこぼれる職場に、フンドシ一本で働く人びと——悲しくも腹立たしいその姿は、チッソが強いた労働の典型である。そして、企業城下町といわれる水俣市は、チッソが牛耳る社会的生産下に長くあり続けた。

球磨川・川辺川水系から搾りとったチッソの電力は、彼らの飽食のエネルギーそのものだった。

ダムの階段

石炭・石油・電力の三大エネルギーのうち、原油を国外にあおぐ日本は、戦争と同時に「ガソリンの一滴は血の一滴」となった。電力も、火力・水力の発電所が米軍の爆撃目標にされた。制海権・制空権ともに失って、良質な中国・撫順炭も運びこめなくなった。あとは国内炭に頼るしかない。戦前は禁止されていた、女性の坑内労働が復活した。だましたり無理やり連れてきた朝鮮人や強制連行の中国人まで、ありったけの労働力と資材をつぎ込み、二十四時間休みなしに石炭を掘った。他の産業とのバランスを欠き、坑内の安全対策など後回しにひたすら石炭だけ掘りまくる「傾斜生産」方式が戦後にも引き継がれた。炭層の食い荒しが地層を不安定にし、採炭環境を極端に悪くしていき、あいつぐ大災害とコスト高をもたらした。そして、やがて石炭から石油へのエネルギー政策転換により、石炭産業そのものの命脈を完全に断っていく。

傾斜生産の電力版が、戦後の発電ダム建設ラッシュだった。いまと違って、ダム反対の声はほとんどない。日々の食料に事欠いていた当時の日本人にとってはダムどころの話ではなかったし、むしろダム建設は復興とか豊かさとかのイメージにくまどられ、希望さえ感じていたのではなかったか。

チッソのほか、熊本県が下流の荒瀬ダムからはじまって上流に市房ダム、幸野ダムを造った。八代・田ノ浦の工業地帯開発がダムを造る目的なのだが、当時の櫻井三郎（一八九九〜一九六〇。任期一九四七年より三期）知事は、周辺市町村の同意をとりつけるため、市房ダムに洪水予防のための水量調節などという「治水」目的をニワカ張りした。荒瀬ダムのすぐ上には、「電源開発株式会社（以下、電源開発）」が瀬戸石ダムを造った。電源開発の当初計画だと、この瀬戸石ダムの上に神瀬《こうのせ》ダム、藤田ダム、と三つのダムを次々に造るはずだった。藤田ダムは、相良村藤田にあるところから「相良ダム」とも呼ばれる。のちに建設省が計画し、いまやわれわれの焦点でもあるところの川辺川ダムは、これよりすぐ上流地点に計画されたものだ。一九五三年（昭和二十八）の話である。そのころから、発電目的のほかに、引揚者が多数入植した相良村高原台地で稲作のための水を引くことが、藤田ダム建設の目的の一つに追加された。川辺川ダムの「利水」

はこれを引き継いだもので、当時掲げた目的をそのまま減反政策後の現在まで、かれこれ四十七年間も引きずっている考古学的なものである。

だが、電力資源として球磨川が開発されることは、はじめのうち流域の人びとにも反対の声がなかった。何百年続いた洪水の不安から救われる、と思った人も多かったろう。

ところが……。

自然な流れがダムで堰き止められてできる平らな水面を「背水（バック・ウォーター）」と呼ぶ。上流からの流れは、背水との接線からこっち、ダムが湛える平水面に吸収される。水の位置エネルギーを効率よく利用するには、一つのダムの上流の背水境界線から一ミリの無駄なくもう一つのダムを造り、次々と階段状に川を堰きとめていくほうがよい。つまり、効率のよい発電ダム造りとは、自然の流れをかぎりなくゼロにしていくことなのである。

ダム湖の急流下り

「冗談じゃなか。ダムとダム湖ばっかりのとこに、どぎゃんして球磨川下りのでくっときゃ」

人吉温泉街の一角、老舗らしい和風のたたずまいを見せる人吉旅館に、主の堀尾芳人さんを訪ねた。客商売のせいか、つねに穏やかな微笑をふくみ、人当たりがやわらかい。和装の端座《たんざ》で迎

急流球磨川下り（「くまもと　ひとよし」より）

えてもらったのだが、どうして一筋縄ではいかぬ人だった。

「日本三大急流が泣きますたい」

澱んだ青味泥のダム湖で客が呼べるわけがない。人吉観光の目玉は、温泉と球磨焼酎、尺アユだけではもたぬ。町と緑が調和した田園風景の真ん中を、飛沫《ひまつ》を上げてつんざく急流下りがなくて、なんのおのれが球磨川ぞ、というわけで、人吉・球磨地方におけるダムがらみのトラブルは、球磨川下りを生かすか殺すかという大問題からはじまった。

「ダム反対」と、旗幟《きし》鮮明《せんめい》にした堀尾さんたちは、同業者だけでなく広く市民の間に反対の気運をつくっていった。新しくできる神瀬ダムだけが問題なのではない。すでに完成した下流の瀬戸石ダムが、人吉の観光産業に影を落としはじめていたのだ。

瀬戸石ダムができたら、球磨川下りの二十四キロメートルコースの中に湛水地域（ダムの湛水による静水面）が入ってきた。そこは以前、JR白石駅のある白石の終点まで川下りをやっていたのだが、その上二キロメートルの小口という地点に背水（バック・ウォーター）がくるようになった。

「それから先は、船頭さんが終点まで一所懸命漕いでいかにゃならん。前は流れのままに下っておったとに。それはつらか力仕事ですたい。たった二キロというなかれ。球磨川ちうのは西風が下流から、球磨川の峪《さこ》ん中を吹いてくるもんですけん、ところどころ突風があったりして、とにかくただでも消耗する夏場に漕ぎ下るちうのは、ね、たいへんですよ」

堀尾さんのいう通りだ。小説『土』の作者であり、観察力の確かさで知られる歌人の長塚節（一八七九～一九一五）は、肺結核のため夏目漱石（一八六七～一九一六）の紹介で九州大学の前身である九州帝国大学に何度か受診し、その折に人吉にも立ち寄っている。死の前年の一九一四年（大正三）、福岡から肥後人吉、日向小林、宮崎を経て青島、鵜戸に遊び、別府へ行ったが、そのとき詠んだ歌がある。

球磨川の浅瀬を上る藁船は燭奴《つけぎ》の如き帆をみなあげて

――『鍼の如く』

藁船が、球磨川を上るときに帆を揚げている。つまり、下流から吹き上げる強い川風を利用していたわけだ。これと逆に、船を流れに逆らって押し上げるほどの強風に抗して漕ぎ下るのは、たしかに骨が折れたろう。自然の流れさえあれば黙っていても下れるが、止水域で逆風だとそうはいかぬ。船頭が強いられる余計な労力と、ダムの湛水《たんすい》で終点の着船場が浸水することの補償などを求め、堀尾さんたちは電源開発側と交渉した。

「しかし、連中のやり方ちうのは、こっちを各個撃破で部分部分から籠絡《ろうらく》していきますもんな。そうやって全体のまとまりを崩しといて屈伏させる。私たちもそれでやられましたね。そのころ川下りばやっとるのが二つありまして、私たちが運営しとる定期船組合ちうのと有限会社川下り会社ちう、この二つを互いに噛み合わせたり裏交渉やったりして、あん電発のヤツが……。まあ、川下りにはシーズンがありますけん、稼ぎは打っちゃらかして延々と交渉しとるわけにもいかん、そういう時期的なもんも巧みに狙われましてな。仕方んなか、県会議員が中に入って、これはこれ、不満ながらいちおう妥結しましたけども」

しかし、このうえ神瀬ダムまでできたら、二キロの逆風どころの騒ぎじゃない。急流球磨川下りが全コース平べったいダム湖の中を漕いでいく、そんな哀れなざまになったらどうする。これでは、観光産業と、それを経済活動の中心に置く人吉市も干上がってしまう。

電源開発がつくった電力は、九州電力に売り渡す。ダムが完成したら売電契約を結び、年間の売電額を決めることになっているが、その中に、ダムによって失われる観光業者らの損失補償などは計上されていない。

神瀬ダムができたら、その堰堤《えんてい》をまさか舟を担いで下るわけにいくまい。球磨川下りが寸断され、距離も短くせざるをえない。さらに、神瀬の上にはそれよりドでかい藤田ダムを造ろうというわけだが、こんなダムだらけの風景で観光客が呼べるか。

ダムのマイナス効果で観光客が減るだろう。それと、いままでの年間観光客数と比較したダウン予測。タクシー代とか、稼ぎどきの旅館がパートのおばさんたちを雇ったりする費用、材料代とかの比率分ダウン予測。タクシーだって、観光客が来なければその分儲けが落ちこむだろう。堀尾さんたちはいろいろ調べ、さすが商売人らしく、ダムがあるなしでこれだけの差額がありますよ、こうまで損してわれわれがダム造りに協力する必要がなぜあるのか、とはじきだした細かい資料をつくった。

魚を返せ

「それと、自然河川がああいう形で湛水化すると魚関係への影響ちうのがありますね」

魚関係とは、魚の生態系のことでなく、住民が食べる魚のことである。堀尾さんたちは、瀬戸石ダムができる以前と以後の、魚市場での海産魚の取り扱い函数《かんすう》を調べた。人吉には、佐賀・呼子から陸送してくるものと、宮崎から来るものという大きな二つの流れがあった。人吉・球磨地方と、同じような内陸部に位置する山鹿市、玉名市とを比較して、アジ、サバ、イワシなどの大衆魚の値段を調べてみた。すると人吉・球磨地方では、山鹿、玉名に比べ、当時の買値平均で大衆魚一〇〇グラム当たり五円も高い。「なぜ高いのか」と水産業者に聞くと、そのぶん運賃がかかるからという。そこで運賃を調べたら、佐賀・呼子から来る魚がトロ箱一杯一円三十銭ぐらい、宮崎からだと八十何銭ぐらいしかかからない。トロ箱一杯の運賃でそれくらいなのに、人吉まで一〇〇グラム当たり五円だなんてボリすぎではないか。

ボラレすぎも問題だが、そもそも球磨川流域の住民は、わざわざ海から運んでくる魚だけに依存しているわけではないのである。つい目の前に、獲って下さいとばかりに魚影の濃い川が流れているのだ。荒瀬ダムや瀬戸石ダムができる以前、アユでもウナギでもメチャクチャに獲れる夏季には、海魚をあつかう魚屋がほとんど商売にならなかった。この地方で「ハエ」というのは、カワムツ、オイカワ、ウグイ、アブラハヤ、モツゴなどコイ科の小魚の俗称だが、いまでも仕出し屋の食材に使われるほどよく獲れる。

瀬戸石ダムよりずっと上流域の、球磨郡多良木町に住んでいる池井良暢（八十一歳）さんの話だが、ダムなどなかったころは、落ちアユの季節になれば川に梁《やな》が仕掛けられたそうだ。梁とは、川の一部を除いてせき止め、その開口部の下流に簀棚《すだな》や筌《うけ》、袋綱をつけ、川を上下する魚を獲る仕掛けである。球磨川の梁は大がかりなだけに金がかかる。漁師ではない家は、梁づくり資金の一部を出して、梁の株にカタった（入った）。獲れたアユは、両腕で囲うくらいの竹編みの籠に二つ。両天ぴんにかけて運んできて、土間にゴザ敷いて待っているところへどっと開ける。それを、またまた運んでくる。一戸当たりの漁獲の配分が小山ほどあった。アユは、たっぷり塩をくわせて漬物にした。そうでもしないと食べきれないくらいの量だった。

アユのほかに二十センチくらいのヤマメが獲れる。ウナギ、カニ、シジミ、ドンクァチ（カジカ）もいる。ところが、ダムができて以来、ウナギやカニみたいな川を上る魚はさっぱり獲れなくなった。

「ドブ川になり、いまはハエもいないか、いても臭くて食えません」

ダムができてから、「魚も変わったし、魚との付き合いも全然変わってしまった」という。

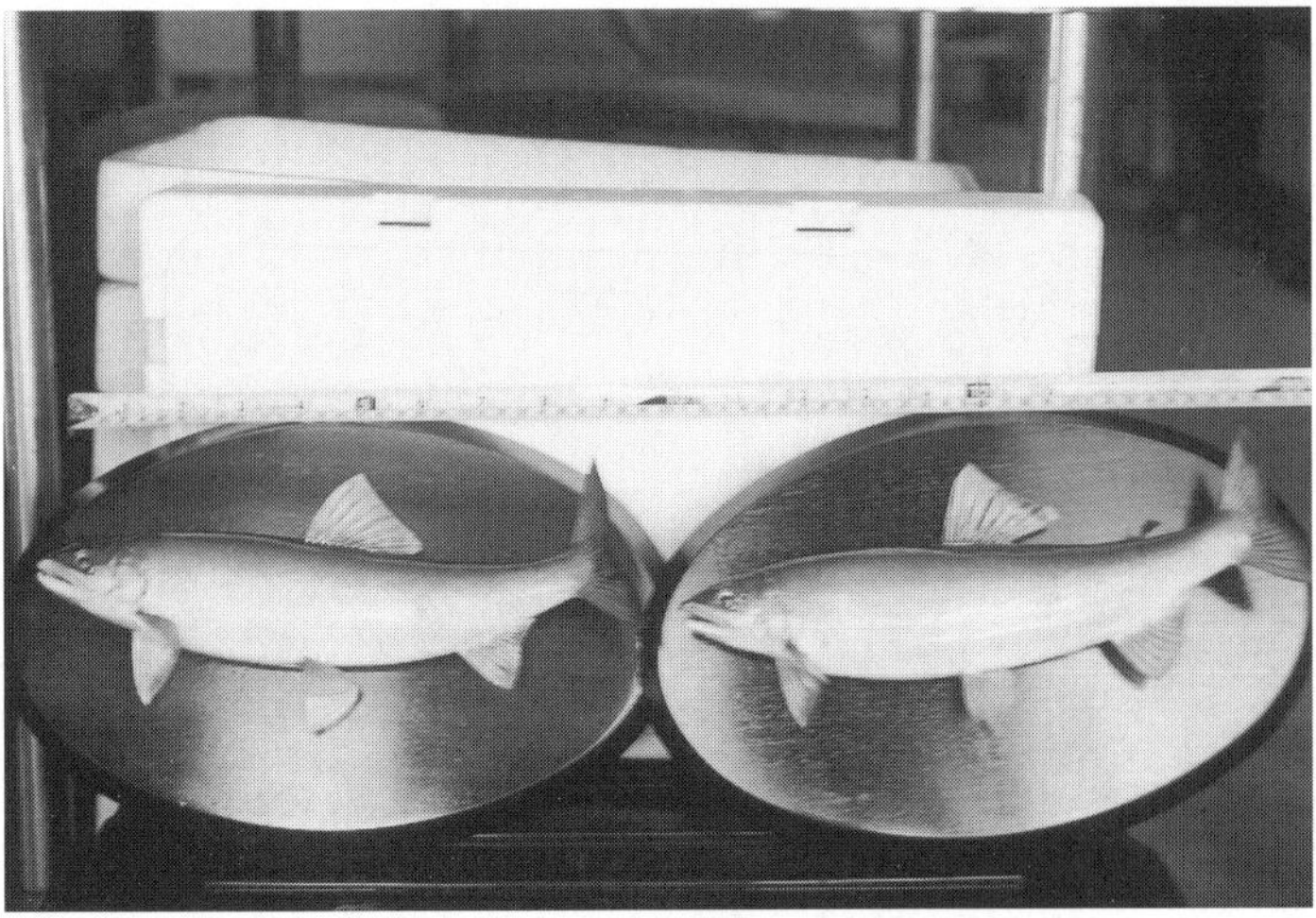

尺アユのはく製。どちらも体長30センチある。（重松）

池井さんのいうダムとは、瀬戸石ダムではなく、最上流にできた市房ダムのことだ。ここから川辺川との合流点までは、アユなどいないか、稀《まれ》にいてもみすぼらしく、獲って食ってやる気にならない。最近の観察では、アユが珪藻《けいそう》でなく虫を食ってかろうじて生きているという報告もある。瀬戸石であれ市房であれ、ダムで失ったものは大きい。それくらい、人びとは球磨川に依存しながら生活していた。池井さんの活動については後で触れるが、土地の生えぬきで、球磨郡免田小学校校長を最後に教職を去り、八十歳を超えた現在も、地域の人たちからは敬愛をこめて「校長先生」と呼ばれている。川辺川ダムを、「環境」の視点から見つめ続けてきた先覚者だ。

堀尾さんの話に戻る。

瀬戸石ダムのおかげで、漁業組合は稚アユを上流に運び、放流しなければならなくなった。それでも足りなければ、稚魚をわざわざ滋賀県の琵琶湖とか池田湖とか薩摩半島から買ってこなければならない。その補償金が、瀬戸石ダムの場合、当時わずか六〇〇万円しかなかった。しかも、漁協が補償金を受けとって稚アユの放流をすることは、アユが漁協から管理されるようになったことを意味する。漁師でない人は、いままでのように川の魚を自由に獲れなくなった。一九九九年十二月、ダムサイトから数百メートル上流の野原遺跡から発見された縄文後期の竪穴式住居跡で、漁網の錘《おもり》と見られる石器が出土している。人びとは四〇〇〇年以上もの昔から、アユなどを自由に獲って暮らしていたことになる。それができなくなったのだ。

ただでさえ運賃にカマかけて、一〇〇グラム当たり五円もよそより高い魚を買わされているのに、川の魚がまったく食えなくなったらどうする。そんなこんなの比較資料をまとめ、プリントして配り、堀尾さんらは積極的に反対運動を展開した。といっても、客相手の観光業者としては、どこもそう派手に動けるものではない。だから、人吉旅館の堀尾さんと、堀尾さんいわく「芳野旅館の田渕というオヤジさん」の二人が運動の矢面に立った。

背広とムシロ旗

堀尾さんらの運動が実って、人吉市議会はダム反対を決議した。村の中心部が水没する五木村は、「藤田ダム反対村民大会」を開いた。

「ところが、周辺市町村当局者のみなさんは、公共事業への期待感があり、歓迎の方向ですたい。昔もいまも変わりませんな」

たとえば、いまの沖縄の普天間ヘリポートの名護市辺野古の岬への移転問題。受け入れ促進派のあるリーダーは、「基地だけなら、もちろん反対」とあからさまにテレビで発言している。この地区が、基地がらみでスポットを浴びるのはこれが二度目である。一九五五年（昭和三十）、沖縄を占領していた米軍は、基地拡大のため武力による強制土地収用を行い、当時、辺野古が属していた久志村の臨時村議会は反対決議をしていた。島ぐるみの反基地闘争が巻き起こった矢先、なぜか村は米軍との間に約二五〇ヘクタールもの土地の賃貸契約を結んでしまう。その結果、建設されたのが「キャンプ・シュワブ」である。基地建設で雇用が生まれ、ちっぽけな集落だった辺野古にも電気や水道が通り、銀行ができ、バスも人もやって来た。歴史は繰り返す。こんどもまた、ここが基地だという土地の基本的性格の検討ぬきに、地域振興という名の「プラスアルファ（オマケ）」こそが受け入れ促進の真の目的とされている。

ダムであれ、軍事基地、原発立地であれ、プラスアルファをちらつかせて公共事業を地域へもちこもうという政治手法は、まさに昔もいまも変わらない。悲しいことに、その本質よりはオマケに期待する地域自治体のいじましさも、過去何十年たってなお衰えていないのである。いまひとつためらいの色がある球磨村と、観光の目玉をぬかれてしまう人吉市と、水没する五木村をのぞく他の流域全町村はそういう雰囲気だった。

球磨村のためらいにはわけがある。発電ダムの建設は、その湛水による発電所の建設と対《つい》になっており、神瀬ダムを造った場合、発電所をどこに立地するかは村にとって重大事となる。球磨村か、対岸の芦北町か。プラスアルファ、つまりダムと発電所から上がる固定資産税がどっちに入るかの瀬戸際にあった。

ダムは球磨川本流に造るとして、そこから水を導く発電所としては、落差があるほど位置エネルギーは高い。シロウト目で眺めてみても、芦北町より山手にある球磨村のほうがどうも地形的に不利だ。

こんなことぐらいは計画段階ではっきり決まっているはずだが、電源開発の用度係(3)は、発電所は球磨村のほうに造りますよとにおわせながら、そこのニュアンスはわざとぼかして村を口説く。ともかく、電源開発は球磨村を含め流域の全体を神瀬ダム建設促進にまとめようと立ち回っていた。現に、いまは亡くなられたが、人吉市観光課のO元課長のこんなエピソートがある。

そのころ電源開発が、発電所新設に関連するものと称し、JR白石駅に通じる白石橋の橋梁検査をしていた。これがまた、球磨郡球磨村と芦北郡芦北町とをつなぐ微妙なところに架かっているのだが、その仰々しい検査ぶりをOさんは、「あれは電発の芝居」と評していたそうだ。橋の検査そのものが、発電所を球磨村側に造りますよ、いや芦北町ですよ、とどっちともとれるパフォーマンスだったわけだ。

ダムや発電所の立地と関係ない他の市町村のプラスアルファは、とうぜん固定資産税ではない。小さな町や村に国の費用で大きな橋を架ける、道路をつける、あれこれの付帯事業を引いてくる。町や村は、それでつかの間だがうるおうだろう。

だが、このころの促進派には同情できる一面もたしかにあった。電源開発の藤田ダムには、北部利水という目的も計画の中に入っていたからだ。北部とは、球磨川から見て北に位置する地域。たとえば、高原台地もその一つ。旧相良藩時代には耕作地だったが、旧日本海軍の練習飛行場と

---

(3)　仕入れ関係を扱う役職だが、この場合、ダム用地の買収をふくむ全般的交渉の窓口だった。

人吉市街（井上）

して接収され、その後、耕作地としては放置されていた。戦後、大陸からの引揚者がこの荒れ果てた地域の再開拓のため入ってきて、農業用水が必要になっていた。

現在、「利水」の梅山さんたちが法廷で争っているのは、川辺川ダムから七市町村にまたがる約三〇〇〇ヘクタールの農地に水を引こうという農水省の「国営川辺川土地改良事業」についてである。もちろん、高原台地もこの利水エリアにふくまれる。このプランの原型が、電源開発による藤田ダム建設と北部利水問題だった。いまは状況が一八〇度変わり、高原台地の農家自身の努力と英知で、水は十分すぎるほど行き渡り、彼らが「もう水は間に合っている。これ以上、余計な税金を使ってダムを造ったり、そこから延々導水管を引いたりするな」と、裁判までしているのは冒頭で紹介した通り。

高原台地など北部利水が切実だった昔のダム促進派と、水なんざオマケ欲しさの枕詞にすぎぬ現在の促進派とは、事の本質が違う。

北部利水を促進させねばならぬ、そのために藤田ダム建設は促進させねばならず、それができないのは人吉市が神瀬ダム建設に反対するからだ、というリクツで用度係は他の町村をあおった。当時はまだ農業に活気があり、広い農耕地も生きて働いていた。利水という、本来の目的もいまよりインパクトがあった。ダム反対を決議した人吉市と、ダム反対村民大会で団結した五木村は、促進派に回った周辺町村会の目の敵になった。

ある日、堀尾さんは税所《さいしょ》健次郎人吉市議と同道して電源開発へ直談判に行き、同社の鳴海総裁と対面した。

「藤田ダムはともかく、われわれとしては死活問題に直結する神瀬ダムを認めるわけにいかない」と、堀尾さんたちはブチ上げたのだが、それに対し鳴海総裁はこう答えた。

「藤田ダムに関して、私どもとしては採算が合わないからやれないと考えています。これは国でおやりになる工事だろうということで、いままでの調査資料は全部建設省にお渡ししました」

電源開発の藤田ダム撤退は、このときはじめて明らかになった。同時にそれは、建設省による川辺川ダム計画の、現在に至る四十余年の本格的スタートでもあった。一九五七年(昭和三十二)の話である。プランはこのときすでに建設省の腹の中にあったわけだが、川辺川ダム建設をふくむ工事実施基本計画として公表されたのは三年連続の大洪水の翌年、つまり九年後のことだ。発表のタイミングを計っていたのだろう。電源開発撤退の理由は、採算上というより五木村民大会での反対決議が大きな要因と思われる。村ごと力づくでねじ伏せるには国家権力しかなかったからだ。

「そんな次第で、こちらも後は神瀬ダム一本に絞った反対をやったわけです」

人吉市が神瀬ダム反対だから藤田ダムができない、藤田ダムができなければ利水事業もできない、といった変てこりんなドミノは、つまるところダム建設促進派の、人吉市への憎悪となって集中する。促進派の中にも、村が水没する五木村の反対は分からんでもない、という空気があった。しかし、人吉市なかんずく市議会の強硬なダム反対は許せない。そこで、促進側こぞって人吉市と縁を切る不買同盟なるものができた。

「商売上、いちばん困られた方は、人吉で大きな店をもっとられる岡本文房具屋さんじゃなかでしょか。市町村まわっていろいろ事務用品・調度品入れなはってでしょ、ああいうのがだいぶこたえたんじゃないか」

ダム反対の店から物を買うな。飲みにも行くな。郡部の人と人吉市内の人との婚姻関係がある家には、婚姻を解消しろと迫ったりする者も出てきた。

一九五九年（昭和三十四）師走の十三日、球磨畜産協同組合の広場で「ダム建設促進球磨郡民総決起大会」が開かれた。当時、ある農協青年部の部長だったM氏の述懐によれば、町や村、農協、あれこれの青年部などが動員をかけ、総勢五〇〇〇人足らずが集まった。このころから現在の

ダム建設促進派による球磨郡民総決起大会（重松隆敏さん提供）

ダム建設促進派の人吉市内デモ（重松隆敏さん提供）

高岡隆盛村長に至るまで、相良村は一貫して促進派の中心的役割を果たしているが、役場の壁には長い間、村が宣伝のために撮った総決起大会の写真十数葉が飾られていた。

これを見ると、農民のデモにしてはなぜか背広が多い。ムシロ旗と背広はやっぱり合わない。人吉市と五木村をのぞく全球磨郡の村々の名前を書いた旗ノボリとムシロ旗を立て、農家がよく使う軽トラックに先導されて進むのだが、みんな顔うつむいて、やたらとクラい。まあ、楽しいデモではなかったらしい。師走も半ば、川風もさぞ寒かったろう。デモ隊は人吉市に押しかけた。市内の目抜き通りを行進した彼らは、通りに面した芳野旅館の玄関に石を投げこんだ。

このとき乱暴狼藉を働いた勢力が、そっくりその後も川辺川ダム建設促進派にまとまっている。人吉市のダム反対もその後はあいまいになり、現在の福永浩介市長は積極的な促進派となった。川辺川ダム反対を掲げた五木村だけが見捨てられ、やがて挫折感が漂う中、補償交渉に切り替わっていく。

北部利水のもつ時代的な価値変化は、利水をなんらかの利益誘導の口実に変えた。もっとも大きな変化は、人びとをオマケ指向むきだしの利権構造に組み換えてしまったことだろうか。思えば、長い闘いだ。

同級生、垣にせめぐ

「うちの前はデモが通らんやったから無事でしたが、別な実害はありました」

人吉旅館は、郡部の町村会とか、町長さんや村長さん方の集まりなど、何かあるときによく利用されていた。町村会の事務局長だって入り浸りで、旅館の厨房まで入りこんだり、帳場といろいろ冗談いい合いながら宴席の打ち合わせもしていたものだ。ところが、その町村会が「あがんとこには行くな」となった。

「それから十何年来、全然うちを使わなくなりましたな。それが『解除』になったつは、私の同級生が球磨村の村長（現・渡辺賢一村長）になりました、そのときからです」

ところが、渡辺村長の前任もやはり中学の同級生で、八代の地方紙が神瀬ダム賛否双方の意見を載せた中にダム反対論をぶち、「人吉旅館の堀尾はエゴイストのサンプルだ」と書いた。同級生、垣にせめぐあんばいだ。そもそも火の国の精神風土は、血も涙も熱いうえに少々ガンコときているから、いったんケンカがはじまると軽く十年は越してしまう。

「町村会とか役場が旅館を使わなくなったんじゃ、相当こたえましたね」

「うんにゃ、こたえない」

堀尾さんはきっぱり答えた。

「商売のあり方とはまた別ですから。自分のはっきりした考え方で商売していかんと。迎合したらいかん。人はもう『あいつ、オレに尻尾振った』と、まともにゃ相手にせんですから。やっぱ、敵は敵なりに認めてもらう態度でなからんば、相手も認めてくれん。

私は強情な人間です。自分の考え方というのは自分の生きざまんなかにおいて考えていきますたい。たとえば球磨川問題。この川のおかげでみんなが生きてきたという厳然たる歴史的事実がありますね。それに国とか役所とか外部からいろんな目的をもった人たちが来てガタガタやるとなれば、こっちは自分たちなりに、自分たちと自分の商売守るため、はっきりした主義主張せんといかん。ということで、私はそれをするだけであって……。

どっちにしろ、ダムはいかんですよ。志が低くすぎる。結果、地域を荒廃させますけん。そうなったら旅館どころじゃなかでしょ。私には『あれはダム反対』というレッテルがずっと貼ってあります。何十年前から、いまでも相変わらず。かえってこれが、私の信用状のごたるもんじゃなかでしょか。そういうの教えてくれたのが、芳野旅館の田渕ってオヤジさん。この人と一所懸命やって、神瀬ダムは潰せたし、球磨川下りも残せましたな」

神瀬ダムを潰す運動の基礎になったのは、人吉市議会のダム反対決議である。堀尾さんは社会党市議と保守系市議の市議会代表二人と同道し、熊本県選出の園田直衆議院議員のいる東京へこの件でよく出掛けた。神瀬ダムは、人吉市の強い反対決議のほか、五木村のダム反対村民大会が決め手となって、一九五七年（昭和三十二）、建設中止となった。

2

市房ダム以後

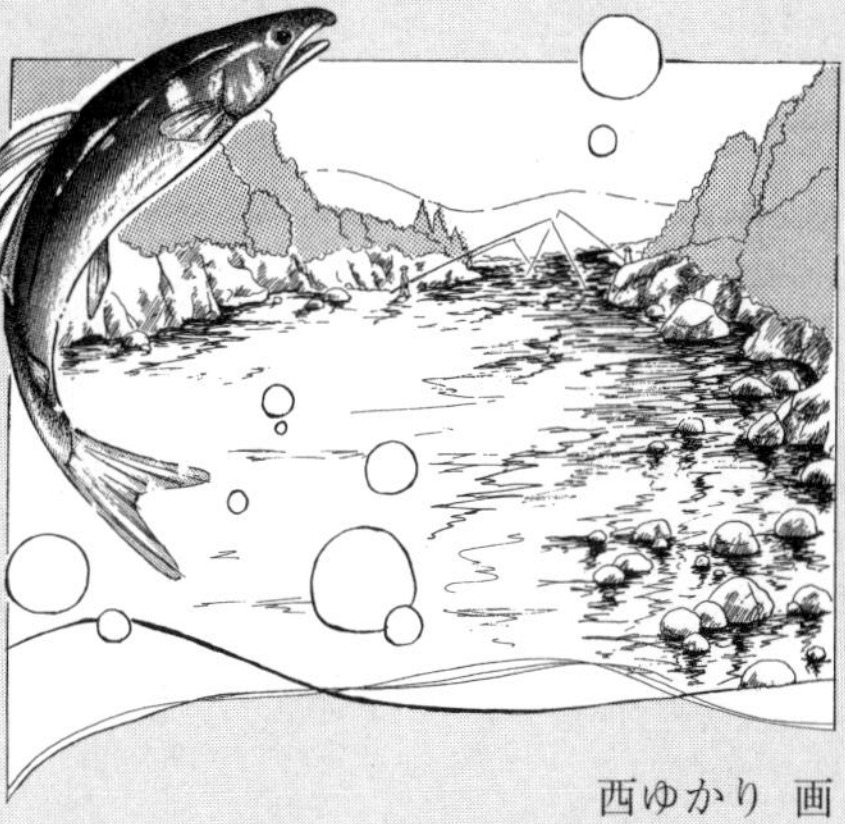

西ゆかり　画

水嵩が急に上がった

戦後の球磨川、川辺川の氾濫で、とりわけ被害が甚大だったのは、一九六三年（昭和三十八）から三年続きで起きた水害である。川辺川上流の五木村と相良村、本流沿いの人吉市、球磨村、坂本村、八代市に、三年間で死者三十一名、家屋の流失・損壊一六〇六戸などの被害をもたらした。三年連続の水害といっても、それぞれ年によって気象条件が違い、様子も違う。

一九六三年は、川辺川上流五木村での長雨と土砂降りによって起きた土砂崩れが引き金だった。五木村平瀬あたりに住むDさんの話だと、その状況はこうだ。

「十四日からずーっと降っとったが、八月十七日当日は、また朝から思いきりバケツばひっくり返したごたるとですたい。一時間にたしか三五〇ミリの降雨量で、山がまた急斜面でしょ、倒木、土砂までドドッときて、避難する暇もなんもなか。五木と相良村で十六人死なしたろか、家な三〇〇軒も潰されて、それはすごかった。道路は水没するか流されて全然なし。平瀬あたりは、家があったところに河が流れとりました。

集落というものはふつう、山間でもなるべく平地のほうにありましょ。私たちの集落ももちろん平地でしたが、地形的には険しか山ん傾斜に囲まれた窪地です。その福岡ドームひっくり返したごたる大きさのスリ鉢の底に、倒木や何トン何十トンの岩ば押し立てて土石流がきた。生きた心地せんじゃったですよ」

翌年の洪水は、台風が原因である。被害はもっぱら人吉市に集中し、死者・行方不明が九名となった。

だが、三年連続の被害のうち、とりわけ人吉市民にとって強烈な記憶となって残ったのは、三年目の一九六五年七月三日の大氾濫である。この年は、梅雨前線が球磨川・川辺川流域の上空に停滞し、ひっきりなしに十日間も雨が降った。球磨川がいいかげん水嵩を増したところへ、最後の三日間が集中豪雨となった。だが、常に洪水を意識している水辺の住民は、こんな事態にも落ち着いていた。

「雨の降り具合、水の流れ方、状況ば見て、ああ今日はちょっと水に浸かっぞ、畳と家具は二階に上げて、逃げる準備しようか、と慌てず騒がず避難にかかりますと」

と、かつて水害の常襲地帯である駒井田町に住んでいた重松隆敏（七十二歳）さんはいう。そのあたりの最高水位は、午前六時で六・七メートル。建設省と県の資料にはなぜか五・〇五メートルとあるが、ほかならぬ建設省の九州地方建設局の坂梨河川部長が、水害直後の談話で〈水害の原因はなんといっても球磨川の異常水位だ。球磨川の計画洪水水位は五・一二メートルだが、それが六・七メートルと一・五八メートルもオーバーした〉と述べたことが、七月五日付の「西日本新聞」をはじめ各紙に載っている。同紙八日付には、政府災害調査団の現地入りを報じる記事中に、商店主小丸正司（五十二歳・当時）さんの談として、〈災害原因は市房ダムの無計画な放流だ。わずか三、四十分間に二メートルも増水した。どれだけ科学的な資料で放流しているか疑問だ〉とある。

重松さんも言う。

「家は、町中を流れて球磨川にそそぐ山田川のそのまた枝川べりで、本流が氾濫すれば逆流が堰き上がってくるところ。本流の水位が上がったら、必ず山田川の下流のほうから澱んできます。それを見ながら、『まだ降るばってん、川の流れはまだ早か。大丈夫、大丈夫』とか『流れがだいぶ緩やかばい。そろそろ逃げよか』とか、毎年ナガシ（梅雨期）か、秋の台風期になるとそういい暮らしているような地域ですけん。水没する危険のある一階の床は、ふつうの家より少し上げて梯子段で上がり下りしとります。災害時、私はその三年前に結婚して現在の住所へ移っとりましたが、駒井田町のこの家にはまだ親たちが住んどりました。私の新居は水のこぬ場所でしたが、家の前を通っている人が、『ゆんべはひどかった、保健所まで水のきよった』と話しよりますもん。保健所ならそうとう高かところ。心配になり、行ってみたら、元家の二階まで浸かっとった。親たちゃサッサと逃げて、幸い無事でしたが。

だいたいこの家は、はじめから出水にそなえて、天井そのものが二階の頑丈か床板になっとります。畳を剥ぎ、床板をとれば下までスッポンポンになる。タンスとか大きくて重たかもんでん、下のもんを二階へ上げやすかごと、階段を使わず床板ば剥いでそのまんま上げらるっごつできとります。その二階ががっぽり浸かっとるわけ。ショックでしたよ。

いままでなかった大増水ばってん、その割にゃ不幸中の幸い、亡くなった方があんまり出ておらっさん。消防団のみなさんが、ものすごう活躍しとんなさるとですよ。水害常襲地帯だるけん消防団が機敏、川船もってきて、危険なところは全部退避させた、そのおかげです。

しかし、あんときの水位変動は異常、はっきりおかしかです。親たちの話ですが、山田川の逆寄せがメチャクチャ早かとですもん。おや、と思いよるうち、もう浸かる。いったん浸かり出したらその早さ、早さ。床下浸水、その後、ほんなこてドーンと急に水嵩が増えたつげな。そいで、みんな命からがら二階へ上がったり逃げたりしたとですよ。

長い馴染みですけん、球磨川の性格チいうもんもよう分かっとる。水がきたならきたで、どうすりゃええかも知っとるばってん、その常識がまったく通用せん。このとき以降、川との付き合い方が変わってしもたです」

同じような体験談や記録は、一九九六年（平成八）に、「ダム問題を考える市民の会」の水害体験者から川辺川ダム事業審議委員会委員長に出された「下流住民の水害体験の聞き取り調査を求める要望書」や、一九九八年、民主、社民、共産など超党派の国会議員らによる「公共事業チェック機構を実現する議員の会（大石武一会長）」の仲立ちで行われた、国と川辺川ダム反対市民団体との話し合いのさいに出された「球磨川大水害体験録集」など、多数ある。

ここで気づくのは、玄倉川《くろくら》遭難事故との共通点だ。玄倉川では、キャンパーの胸までおかす濁流の状況から警察がダム管理者に放流停止を求め、ダム側と激論になったという。玄倉川であれ球磨川であれ、水がいったん計画高水流量《こうすい》（六十三ページよりの「頭上の巨大水塊」で後述）をオーバーすると、ダム側の打つ手は放水以外になくなってしまうのである。

ダムが仕掛けた落とし穴

洪水時の流量調整機能をうたう市房ダムが造られ、皮肉にもそのダムが原因で大洪水は起きた。計画水位を超えたダムの緊急放水と見られる異常な水面上昇が六・七メートル。それまでの古記録にもない、空前の水位上昇である。

市房ダムは一九五三年（昭和二十八）から工事に着手され、七年かかって完成した。当時の櫻井三郎県知事は、このダムの目的は発電だが、ほかに洪水調節機能ももつ多目的ダムだから一挙両得だ、と周辺市町村を口説いて回った。それを聞いた九州地方建設局のある役人が、「市房ダムぐらいで、なんで球磨川の洪水調節ができるきゃ」と嘲笑したという。不幸にも彼の予見が正しかったわけだ。だが、そのころ川べりの住民のほとんどは、まさかダムが自分たちに牙を剥くなんて想像もしていなかったらしい。

市房ダムは、発電と洪水調節の二つをうたう。水力発電とは、水の位置エネルギーを利用するものだから、落差が大きいほど効率がいい。したがって、発電設備はなるべく低く、ダムの湛水面はより高く一定に保とうとする。ということは、少しの雨が降っても発電ダムはすぐ満水になりやすいということでもある。また、堰堤《えんてい》を越える水はダムを支える地盤を洗い、ダムそのものを崩壊させかねない。その危険を回避するため、満水となったらすぐ緊急放水するマニュアルになっている。そんなとき、果たしてダムに洪水を防げるほどの豊かな流量調整能力などが残っているだろうか。発電と洪水調節とは、本来、衝突的な矛盾をはらんだものなのである。

先述したように、神奈川県玄倉《くろくら》川の遭難事故では、ふだん水の涸れた中州にキャンプしていた人びとを、ダムの放水で急激に増水した流れが襲い、子どもをふくむ十三名が死亡した。この事故をめぐりテレビのワイドショーなどが、アウトドア・ライフの雑誌編集者やダム関係者、あれこれの識者を招いて意見を聞いた。河原や中州にテントを張ってはならないとか、気象情報に細心の注意を払うといったキャンパーの初歩的心得のなさ、慣れ、いまや社会風潮とされる日本人の身勝手な短絡思考などが繰り返し蒸し返し強調され、なんのことはない、今様の日本人論・社会文化論の範疇内にカッコよく収められてしまった。

長い不況下のフラストレーションにあえぐ視聴者にとって、オロカなこととしたオロカな人たちこそ格好の標的である。アメリカじゃ捜索や救難活動の費用は当人もちだそうだ、などとにわかに納税者面《づら》する者もいた。新聞もまた〈荷物をかついで歩くこともなく、四輪駆動車で河原まで行き、車のすぐ横にテントを張る。携帯電話を持っていく人も多いだろう。そんな状態では、自分たちが自然の中に身を置いているという実感は、どうしても薄れがちになる〉、〈「疑似的な自然」と「本物の自然」の区別がつかなくなっている〉(「朝日新聞」一九九九年八月十六日付社説)といった論難《ろんなん》をつづる。警察やダム管理者の再三再四の避難勧告も聞かずに起きた事故はキャンパーが自ら招いたもの、馬鹿は死ななきゃ治らない、といった気分が見え隠れしていた。

それじゃ、キャンパーの心がけさえよければ問題はなかったのか。私は正直ぞっとする。おかしいぜ、これは。

キャンパーたちの慣れや身勝手を云々するのはよい。彼らが批判される面はたしかにあったと思う。だが、それだけですますなら事の本質は何も見えてこない。そもそも、ダムとは一体何なのかという根本の検討ぬきに、彼らの不注意や身勝手さだけあげつらって口をぬぐうなんて本末転倒なのだ。

発電専用に造られた玄倉《くろくら》川ダムは、治水・利水などの目的もあわせもつ多機能ダムと違う。当然、洪水時に見あう流量調整機能などははじめから備えてはいない。ダムに貯められた発電用の水は、本流とは別ルートの導水管で事故現場にほど近い下流の発電所に引かれている。本流はそのぶん流量が少ないし、通常、水位も低いからいつも川底が現れており、中州も多い。干上がった川底と、歩いて簡単に渡れる中州——それがダムをもつ川の特徴である。ダムなど一切なかったころに比べての川の大きな変化であり、これが「キャンプ禁止」の標識のある一帯にテント五十張りものキャンパーたちを呼びこんだ。

桧洞丸、蛭ヶ岳、丹沢山、塔ヶ岳など、傾斜の立った一六〇〇メートル級の山々をふくむ広さに降った雨が、一本に集まって玄倉川へそそぐ。自然状態の川で、降っても照ってもほぼ平均した水位とおとなしい流れを保っているなんてことはありえないが、洪水調節機能をもつダムだって増水時となればその流量操作はかなりむずかしい。まして、発電専用ダム、洪水調節なんてはじめから考えていないのだ。

玄倉川にかぎらず、発電用ダムをもつ川は、ふだんの死んだようなおとなしい流れと、雨が大量に降り溢水の危険があるときの、ダムからいっきに落とす圧倒的な奔流との差が激しい川なのである。おりから台風の季節だった。流域に降り続いた雨は、堰堤《えんてい》の高さ十四メートル、貯水量四万トンのちっぽけなダム一基でどうこうできる量ではもはやなかった。

ダムがなければ、ふだんでも豊かな流れのあるはずのところが、発電ダムのために干上がった河原と中州となる。それがふつうだと思いこむのは、ダムがもたらした環境変化による錯覚にほかならない。玄倉川の遭難事故こそ、ダムが仕掛けた落とし穴であり、その典型だ。

頭上の巨大水塊

ダムは危ない。

これが、市房ダム完成後に三年連続で大洪水の経験をもつ球磨川べり住民たちの認識だ。そしてそれが、今日に至る川辺川ダム建設反対運動の出発点である。

市房ダムの目的たる洪水調節は、かんじんなときに発揮されないどころか、ダムがかえって急激な増水システムと化してしまう。

治水計画を立てるさい、工事に手をつける前の状態での洪水時に推測されたピークの流量のことを「基本高水《こうすい》流量」という。それに対し、河道改修とか調節ダム建設などの工事によって、この地点でのピーク時にはこれくらい、平時にはこれくらい、といった流量操作の目標にする流量を「計画流量」という。

市房ダムの場合、人吉地点と下流の八代地点での計画流量がそれぞれ毎秒四五〇〇立方メートル、五五〇〇立方メートルとされ、この目標のため、市房ダムとしては最大毎秒五〇〇立方メートルを流量調節すればよい計算になっていた。ところが、三年連続となった大洪水の最後の年は、基本高水流量をはるかに超える水が人吉市から下流を次々と襲い、七名の死者・行方不明者、一三〇〇戸もの家屋崩壊・流失をもたらした。基本高水流量が突破されたわけだから、それをさばく計画流量も、そこから逆算されている市房ダムの放水操作などの調節流量能力も、当然、突破されている。

一級河川とか二級河川といったランクは、その河川による被害の大きさで決められる。この被害によって球磨川は一級河川に指定され、人吉・八代両地区の基本高水流量と計画流量はそれまでの数値が見直されて、人吉地区が毎秒七〇〇〇立方メートル・五〇〇〇立方メートル、八代地区が九〇〇〇立方メートル・七〇〇〇〇立方メートルと引き上げられた。そのための「工事実施基本計画」を建設省で策定したのが翌一九六六年（昭和四十一）、そして、計画の目玉として浮上したのが川辺川ダム建設であり、もう一つは策定当時にあまり注目されなかった河道改修である。川というのはふつう蛇行しているし、氾濫原《はんらんげん》ももっている。それを直線的なコンクリート堤防にし、川岸ギリギリまで土地活用を図ろうというのが「河道改修」なのだが、これこそ大洪水の原因だと見る専門家の見解も出ている。（河道改修については、一八〇ページの「ダムは終わった」を参照）。

川辺川ダムは、「治水」「利水」「発電」の三つの目的をもつ。「治水」の中には洪水調節機能と、観光の目玉である球磨川下りに支障がないよう、下流にいつも流れが耐えないように流量調整する機能もある、とされる。実質的には、四つの項目をもつ多目的ダムだ。それらの第一項目に洪水調節とあるのは、市房ダムではそれができなかった、ということの何よりの証明である。

川辺川は球磨川の支流だが、五家荘を水源に五木村を貫き人吉市街から上流一・五キロメートルの相良村南部で本流球磨川に合流する。市房ダムに滞留するため水が腐っている本流に比べ、ほとんど渓谷だけを縫って流れこむ川辺川は、川底まで青く澄み切っており、第三セクター「くまがわ鉄道」の鉄橋を渡る電車から、合流部に描かれた清濁の一線がはっきり見てとれる。水量もこっちのほうが豊かだ。

計画高水流量だけ比較しても、川辺川ダム予定地上流では毎秒三五二〇立方メートル、本流側

川辺川ダム完成予想図（建設省川辺川工事事務所宣伝資料から）

の市房ダム上流で毎秒一三〇〇立方メートルと、三倍近くも多い。先に九州地方建設局の役人がいったように、まさしく「市房ダムぐらいでなんで球磨川の洪水調節ができるきゃ」である。

しかし、建設省の想定通り川辺川ダムができれば洪水はなくなる、と人びとは本気で考えているのだろうか。それはない。過去の洪水時の異常に急激な増水は、玄倉《くろくら》川ダムの場合と同様、市房ダムが計画オーバーの緊急放流をしたのが原因だ、と住民は直感している。川辺川ダムの総貯水量は、その市房ダムのさらに三倍に当たる一億三三〇〇万トン。高さ一〇七・五メートル、長さ三〇〇メートルの堰堤《えんてい》最上部の非常用水門が四つ。玄倉川ダムのような状況に直面したら、四つの水門から合せて毎秒五一六〇トンの水が放水される。球磨川の人吉地点では、ふつう毎秒二十から三十トンの水が流れており、堤防が計画通り完成しても流下能力はせいぜい毎秒四〇〇〇トンとされる。

球磨川氾濫のうち、被害が大きかったもののほとんどは六月から九月までの長雨の季節に起きているから、梅雨が長びいたと仮定して考えてみよう。

周辺の森の保水力を超えた雨水はダムへ流れこむ。位置エネルギーを保つため、もともと水面の高い発電ダムに水はすぐ貯っていく。水嵩が増し、堰堤を越え、いよいよ非常放水となる以前に、なるべくそういう事態を避けるために洪水調節用の小出しの放流がされているはずだ。それでも水位は上がっていく。雨がなお続き、ダムの湛水水位もさらに上がっていき、さらに雨はやまず、湛水面は上限リミットに達し、いよいよ「ダム・クラッシュ」か「放水」かという二つに一つの瞬間がやってくる。

さて、四つの非常水門を切って落としたらどうなるか。流下能力を超えた差し引き毎秒一〇〇〇トン以上もの奔流が、ただでさえ水嵩の増している本流の分に加算され、確実に人吉市街を襲うだろう。さらに、本流上流の市房ダムも無事にはすむまい。マンモス・タンカー何百隻分もの雨を運ぶ梅雨期の雲は九州山地に停滞しやすく、降雨量は、地形的に前線が北にかかると川辺川水系、南に寄ると本流の上流に集中する。しかし、どっちにしろ二つの流域に降るすべての雨が最後は本流へ集まることに変わりはないのだ。

ダムが異常増水の犯人だ、というのは体験者の直感だった。その記憶が骨身に染みている住民から見れば、一億トンを超える水塊を頭上に湛える川辺川ダムは、これまでの水害の想像を超えてあまりある現実的な恐怖である。そのため、三十五年たった現在、いまだに建設省の河川改修に反対し、改修予定地から立ち退いていない人もいる。人吉駅から真っすぐ、人吉橋あたりのかなり広い未改修部分の地権者A氏だ。たった一人だが、毅然として当局の土地買収に応じていない。

「市房ダムがなければ緊急放流による異常増水もなく、床下浸水くらいですんでいたはず」と、彼は主張する。そのいい分は建設省が認めない。もし認めたら、水害直後の一九六六年に策定した「工事実施基本計画」中、河道改修と並んで計画の目玉となった川辺川ダム建設の目的が根本から揺らぎかねないからである。

「そんならぼくも協力しない」

そう語るA氏自身、直接水害にあったわけではないが、三十四年前の被災者の直感と思いを大事にしながら、彼はいまもたった一人、川べりの誇り高き一角を守り抜いている。

3

アユは車に乗って

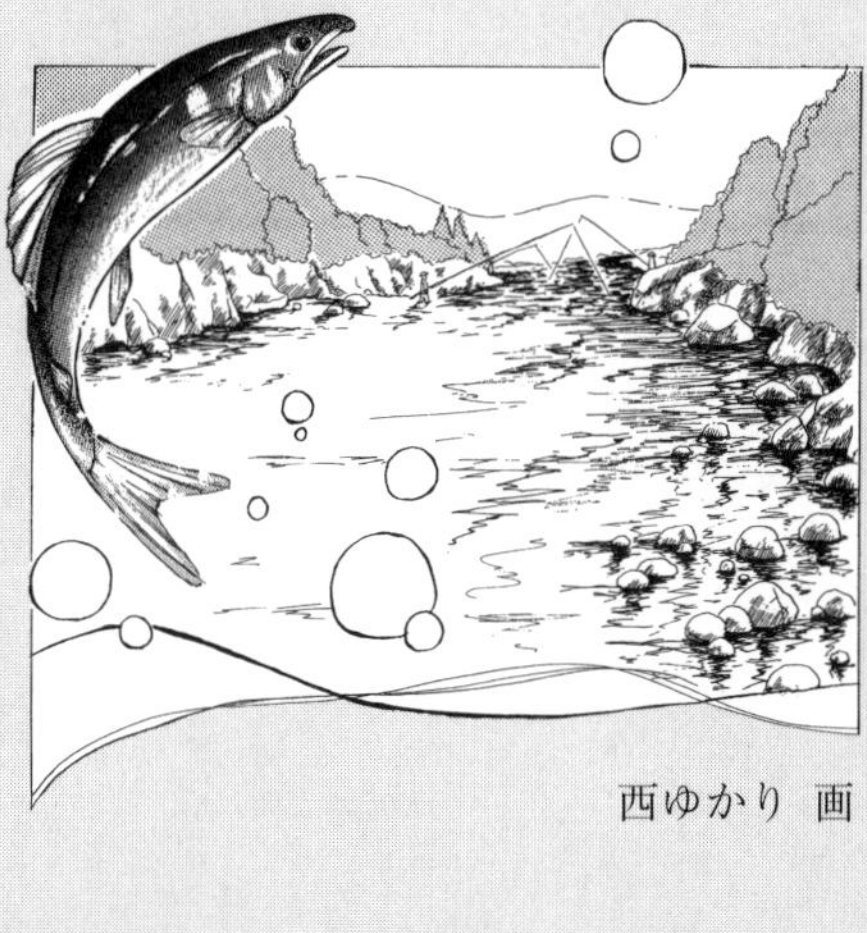

西ゆかり 画

生命の接ぎ穂

球磨川下りと並ぶ当地名物は、先にも述べたように激流に育つ大型アユである。「尺アユ」と呼ぶ。アユ釣り解禁とともに、川べり数キロメートルにわたって全国各地のナンバーをつけた車がとまり、アユ竿が並ぶ。川漁師による網漁もあり、ほかに密漁も少なくないが、魚影の濃さは国内トップクラスだ。けっこう良型もかかっているが、相良村在宅介護支援センター川辺川園に勤務するソーシャル・ワーカーの江嶋邦子さんはいう。

「私にいわせれば、球磨川本流のアユは食べられません。汚くて、香りも全然ない。川辺川のほうは昔ながらのスイカのにおい、キュウリの香りがする。こっちが本物ですよ」

江嶋さんの生まれは錦町木上《きのえ》。球磨川沿いで育ち、市房ダムができる前の本流のアユを知っている。仕事がら、川辺川をはさむ相良村全域をいまも毎日歩くから、川や生きものの変化もつぶさに知っている。

海とかかわりがない琵琶湖のアユと違い、球磨川産のアユは不知火海で生まれ、遡上して中・上流で成長し、秋になると産卵のため海に下るのが自然なサイクルだ。ところが、球磨川には下流から順に荒瀬ダム、瀬戸石ダム、幸野ダム、市房ダムとあり、流量調整用の堰堤《えんてい》もいっぱいあるから、アユにとっての障害物があまりにも多すぎる。なるほど、ダムには魚道がある。アユもそのルートをへて生息サイクルをつないでいる、と思っている人も多いだろう。実は、現地の話を聞くまでは私もそうだった。

アユの生息環境は、ダムができてどう変わったか。「それを聞きたいなら」と、赤提灯で会ったお国自慢が「あの人んとこ行って、聞いてみなさるとよか」とすすめてくれたのが、吉村漁具店の主・吉村勝徳（五十一歳）さんである。もちろん、いわれるがままさっそく訪ねていった。九州自動車道の人吉ＩＣの近く。道をたずね、町の人びとのさし示す指の先へ先へとたどっていくと、サツキをグルリと咲きめぐらせた店の前に、万事心得顔のでっかい日本犬がいた。「投網・刺網・つり具一式・球磨川天然鮎直売」と染めぬいたノボリ旗が数本、小気味よく初夏の風に揺れている。

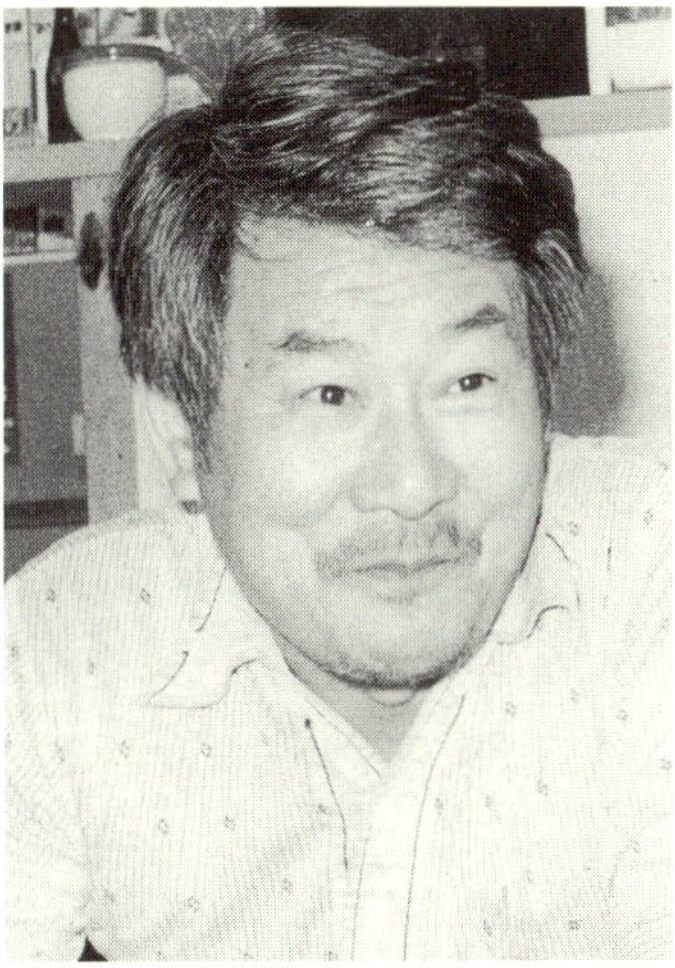

吉村勝徳さん。（井上）

吉村さんの仕事を一口にいうと、漁業組合の委託で、毎年三月、不知火海から河口をへて遡上してくる稚アユをすくい上げ、トラックで川のあちこちに分散放流する仕事と、アユの中間育成である。一九九九年に球磨川へ放流されたアユは総数約四四六万尾。このうち、自然遡上のもの、つまり吉村さんが手がけた稚アユは約三二〇万尾を占める。残り約一二六万尾が鹿児島県天降《あもり》川産などの天然遡上ものと中間育成ものである。吉村さんは、あくまで天然の球磨川産と種を限定し、その分の全尾を彼が放流している。

中間育成というのは、秋に落ち鮎をとらえ、相良村の川辺川べりにある育成施設で採卵・授精し、まだ目が出ないうちに不知火海のほうの水槽へ移し、孵化して育てる仕事だ。琵琶湖産と違い、球磨川のアユは不知火海の潮水がなければ卵から稚アユになって育ってはくれない。そのための施設のすぐ下に、汽水《きすい》域で育って遡上をまつ稚アユのすくい場がある。稚アユ放流と、採卵から孵化、中間育成にたずさわる吉村さんの仕事は、ダムで切れ切れにされたアユの生涯サイクルを、毎年新しくつなぎ直している仕事である。

吉村さんは球磨川産以外ノータッチだが、そのほかにも一九九五年までは琵琶湖産の稚アユが放されていた。球磨川アユに比べて引きがよく、釣人に好まれたからだ。しかし、琵琶湖産はもともと琵琶湖を海とし、湖にそそぐ川との間を往復している「陸封型アユ」であり、生息サイクルがすべて淡水中で閉じてしまう。海を知らないから「水が合わず」、不知火海での繁殖行動はできない。球磨川の激流の中での産卵はできないから、稚アユは毎年琵琶湖から運ばねばならない。そのうえ、アユやオイカワなど、川魚に発生する「冷水病（九九ページ参照）」が琵琶湖産稚アユによって全国的に広がったため、九州ではこの五年間、琵琶湖産稚アユの放流は行われていない。

球磨川産をなるべく純粋に保ちたい。そのため、放流尾数全体での比率を、できれば球磨川産でかぎりなく一〇〇パーセントに近づけたい。堰でのすくい上げ作業がフル回転し、吉村さんも、三月から放流がはじまると休日も祭日もなくなるまったくの無休。怠けたら、それだけ球磨川産が少なくなるからだ。

生育サイクルから割りだした放流のタイミングがあり、稚アユもただ川へ放り込めばいいというものではない。基本的には、川沿いに展開する漁業者の数や漁獲量に応じて稚アユを放流する、比例配分（七十八ページ参照）に従う。配分をどうするかは、彼らの収入や営業実績に直結するから、微妙かつ悩ましい問題だ。

それだけではない。祖父から代々受け継いできた川漁の経験則があり、餌場に応じて魚の濃密があり、おのずから放流のポイントがあって、しかも川は年々変化する。つねに、神経を研ぎ澄ましていなければならぬ仕事だ。

相手は、なにしろ稚魚である。八代からトラックで運ぶときは、車の震動に気をくばり、途中で酸素を補給したり、様子を見たり、とだいぶ心配する。小さいといえ、一つ一つが貴重な種の接ぎ穂なのだ。それぞれに生命の灯がともる三〇〇万尾余もの輸送は、後でどっと疲れがくるほど緊張で張りつめる。秋から年明けてまた、中間育成の緊張しきった作業が続く。天然の営みということからいえば、「すくい上げ」とか「中間育成」とか「稚アユ放流」など、いかにも人工的で不自然に聞こえる。しかし、この作業があるからこそ、ダムで寸断された球磨川のアユは生きていける。「吉村さんなアユの守り神ばい」、という赤提灯での讃辞もここに由来する。

酸欠の壁

「なんでわざわざ稚アユを運ぶんですか。ダムには魚道がついとるでしょ」

「魚道があれば魚が上るというのは、シロウト向きの話。私たちがすくい上げをやってる稚魚の段階では、絶対上りません」

稚魚とはいえアユの仔だもの、ただ魚道を上るだけならわけはない。問題は、魚道以前にある。遡上する稚アユの最初の壁は荒瀬ダムの堰堤《えんてい》だが、難関はそこへ至るまでの約二キロメートルにある。ダムの放水ゲートが閉まっていたら、水のほとんどは発電用の別ルートへ流されてしまい、ふつうそこはそのまま止水《しすい》の領域になる。「止水」すなわち「止まった水」、流れがないのだ。二キロメートルもの長い止水域に迷いこむと、成体のアユだって死んでしまう。

「止水の中を上れないのは、流れがないから川の上下が稚魚に分からないわけ？」

「それもありますね。方向性を失ってしまうのかも。中間育成用の水槽なんかにアユを入れてみれば分かるけど、ちょっとでも流れがあればそっちに行くし、流れがなければ停滞しとります」

方向を失った群れが、よく一ヵ所に溜まって死んでいる。「止水」は「死水」というわけだ。トラックで運んで各ポイントに放流するころ、稚アユの大きさは体長十センチ、体重十グラムほどでしかない。止水の中は成体でも生きていけないし、これくらいの稚魚ならもちろん迷子にな

球磨川荒瀬ダム。向かって右に新設魚道（重松）

って死んでしまう。

しかし、「稚アユ死滅の原因はそのほかにもある」と、吉村さんはいう。もともとアユは、激流の中を自由自在に泳げる運動量の大きな魚だ。あれだけ活動するにはそのぶん多量の酸素が必要だし、酸素の少ない止水の中はもっとも苦手なのである。

「いちばん大きいのは、やっぱり溶存酸素量の問題では、と思います」

溶存酸素量というのは、湖沼や河川の水質指標となるもの。ふつう、水質がよいとされるのは七〜十ＰＰＭ（水一立方メートル当たり溶存酸素七〜十グラム）。吉村さんが行うアユの中間育成水槽では八ＰＰＭが指標である。

「ところが、大気中の酸素を水中に溶けこませるために水車を止めたり、ジェット噴流を止めたりして育成槽内の作業をするときがある。それで五～六ＰＰＭぐらいになると、とたんに食い込みがドーンと落ちますもんね」

水の汚れには比較的強いが、溶存酸素が少ないと実にもろい。死んだ水、停滞して酸素の乏しい止水《しすい》の中を、稚魚が上ってこれるわけがないのだ。

仮に稚アユが、二キロメートルもの長い止水域をけなげに泳ぎぬき、ついにダムの魚道まで達したとしよう。といっても、荒瀬ダムには五十年前の設計図にはあったはずの魚道が、最近までついていなかった。ところが、川辺川ダム反対とともに生物環境破壊への批判も強くなり、新河川法に「環境」の文字も多くなった結果、半世紀たって昨年やっと魚道がついた。その新設魚道の、側面がガラス張りになった細流を、わが稚アユは必死に泳ぎ切り、見事ダムの堰堤《えんてい》内まで上りつめた、と思え。だが、ダムが湛えた新たな止水の領域は、さらに数キロメートルもの上流へと広がっている。しかも、ダムは一つだけではない。

痛しかゆしの新設魚道

「上りはともかく、下りはどうなんですか」

繁殖行動のため海へと向かう落ちアユにとっても、ダムや堰堤は大きな障害だ。しかし、水が堰堤を越える流れでは、アユも次々と流れを跳んで下っていくというし、ダム脇の魚道を下るのもいるだろう。魚道も、下りの役には立つのでは……。

「とんでもない」

人間だって同じだ。臨月に近い妊婦がやたら駆けずり回ったり、転げ回ったりしたら胎児はどうなるか。腹にいっぱい卵を抱えた雌アユが、あのジグザグ細流を激しく揺すぶられながら下っていくのだ。腹が破裂してしまうアユもいる。落ち鮎の季節になると、魚道がないダムの内側では、死んでしまったアユが大量に浮かんでいる。それでもアユは、産卵のため、種の保存のため、少しでも下へ行く流れがあれば命がけで果敢に下っていく。

「もし、下りの完璧な魚道が造れたらノーベル賞ものでしょ」

荒瀬ダムの新設魚道（重松）

下りに一番安全な、効率のよい方法をとろうと思えば、ゲートの開放しかない。実例はいくつもある。春の稚アユの遡上時期に長雨が続き、ダムの溢水《いっすい》を避けるためゲートが開くと、煌めきながらいっせいに上るアユの姿が見られる。秋はその逆、下りもまた自由自在である。しかし、ゲートがいつも開いているんじゃ発電ダム本来の意味はなかろう。

それはともかく、仮に発電所側が仏心に発し、稚アユのためゲートを開けっ放しにしたとしよう。すると、たちまちこんな困った事態がもち上がる。

「一匹も残らんごと、上ってしもたやないか。どうしてくれる」

比例配分をもらっていたダム下流の人たちが文句を言いだす。比例配分とは、放流予定の総数三〇〇万尾余を、各地域の遊漁者組合や刺網《さしあみ》など、球磨川漁協加盟者のポイントに、漁業者の数に応じて比例を出し、放流稚アユの配分を決めたものである。具体的には、吉村さんと漁協の漁場特別監視員である藤下君男（六十歳）さんの二人で、当年の予想を立てるところからはじまる。

「今年は雨年だけん、雨が多ければ上のやつはどうしても下がって上られん。上のほうは少し多めにすっか」

「涸れ年なら、上が下がることはあんまりなかけん、こっち（の放流）が早ければこっちは遅うてよかろ」

などと、公平になるよう放流尾数をやりくりして稚魚を入れるのが比例配分。川を熟知していて、みんなの信頼があるからやれることだ。ところが、アユのほうではそんなこと知ったこっちゃない。ダムの下流で放しても、ゲートさえ開けばどっと上る。もちろん、逆に長雨だと下がってしまう。アユがいなけりゃ、もちろん漁はできない。

「うちの分は上がってしもたやないか」

「冗談じゃなか。おどんがもろたつは、下がってしもたやないか」

ダムをはさんで上下流の同業が衝突する。現に、荒瀬ダムのある坂本村の漁業者からクレームがついた。彼らがもらった比例配分数は、ちょうどダムのゲートが開いていて、放流したとたんあっという間に大半が上ってしまった。このダムに、建設省ご自慢の新式魚道がついたのである。稚アユが上ったら上ったで頭が痛い。「来年はどうにかしてもらわにゃいかん」と、さっそくきつい要望が出ている。新式魚道の設置は、ゲートの開けっ放しと同じように、アユの上下移動を自由にするからだ。

「しかし、魚道は名前の通り、魚が上る道として造ったっじゃけん、上るのを止めるわけにゃいかんし」

せっかくの新式魚道も痛しかゆし。そんなわけで、ダムができて久しいいま、ゲートは開かないものとしてすでに慣行となってしまった稚アユ放流は、なまじ魚道でアユの移動が自由になったために、魚道をはさむ上下流ポイント間の新しい対立も生みだしている。

肩書きは「漁師になりたい男」

「漁師だった私の祖父が、荒瀬ダムを造るとき漁業関係者としてこの問題にタッチしとります」

荒瀬ダムの耐用年数は一〇〇年間だが、水利権の見直しは五十年後という決まりがある。

「そのとき、あのダムは壊せ、というのがうちの祖父の遺言でした」

それが、後二年後（二〇〇二年）である。しかし、もし荒瀬ダムが水利権を更新せず、つまり球磨川の水を自由に使う権利を放棄し、水量操作権をダムの側ではもたないとなっても、ダムそのものは一〇〇年間壊せない決まりだ。ということは、やはりゲートの開放しかない。

「それ以前に、もし川辺川ダムなんか造られた日にゃ、下のこんな小さなダムどころじゃないですけどね」

だが、そうして球磨川の全部のダムのゲートを開けっ放し、川辺川ダム計画も取りつぶして、アユの生息環境が自然のままにかぎりなく近づいていくとしたら、稚アユ放流とか中間育成といった事業はすべていらなくなってくるだろう。

「お宅の商売は上がったりじゃないですか」

すると、吉村さんはいきなり立ち上がって、部屋の欄間にかけてあった釣竿をとってきた。竹竿の長さ七尺（二・一二メートル）、二十年くらい前、竿を欄間にかけたときそのまま、釣り糸もグルグル巻きつけてある。いまどきの、首吊りだってできるほど強靭かつ長大な炭素繊維製アユ竿を見慣れた目には、なんだか頼りないくらい細く、短い。

「私を育ててくれたのは祖父なんですけど、道具といえばこの竿一本なんです」

昔は、これで尺アユが釣れた。祖父はこの細く鋭敏な竹竿で、孫である彼に釣りを教えたという。いま、店で直販するアユはほとんどが網で獲る。竿では間に合わないほど、魚影が薄くなったからだ。祖父の時代は、竿一本腕一本で何十年も家族を養い、子や孫を育て上げた。ダムがなかった球磨川は、それほどにも豊かだった。

一般釣り客と違い、川漁師にとってアユ釣りは単なる趣味でなく生活そのもの、生業である。彼の家族にとってもそうだった。釣具店の経営は、いまから六年位前、川漁師である親代々三代の生業の延長上にはじめたものである。欄間の竹の釣竿は、豊かな時代の貴重なモニュメントであり、彼の精神の拠り所でもあるだろう。

いまだって、球磨川本流はいいかげんドブ臭くなっている。川辺川からもらった豊かな清流で水割りし、やっとこ球磨川の体面を保っているのに、国はその川辺川にとてつもないダムを造ろうというのだ。球磨川はそのとき死ぬだろう。

「川が潰れたら、私も潰れるしかない」と、吉村さんはいう。

「釣り具屋とアユ直売、稚魚放流と中間育成、いろいろ兼ねてやってますけど、誰がドブ川のアユを買ってくれますか」

アユは、一般に考えられているほどか弱い魚ではない。ほかの魚が死ぬような環境でも、砂を食ってでも生き抜く強い生命力のもち主だ。水が少々腐ってもアユは育つ。しかし、そんなドブ川に育ったアユを、果たしてお客さんが買ってくれるだろうか。それをまた売って、自分がおめおめ暮らせるものかどうか。そうなれば、吉村漁具店は閉じるほかなくなる。

逆に、ダムのゲートを開けっぱなすか、ダムそのものを一切撤去したらどうだろう。そうやって、かぎりなく自然環境に近づけていったとしたら。

「稚アユ放流も中間育成もなくなったら、やっぱり店は閉めなきゃならんでしょ？」

するとと吉村さんは、じつに晴れ晴れと破顔一笑したのだった。

「私の肩書きは、ほんとは漁具店経営じゃなかとですよ。

名刺の裏に、なきゃ困るといわれていろいろ書いているが、正確にいえば『漁師になりたい男』でしょう。なりたかった、と書けば過去形になってしまう。内水面漁業は漁師では食えません。だから、内水面漁業というものが、税金の所得申告の職業欄から『漁師』としては消えてなくなっている。だから、過去形でなく意志をこめて『漁師になりたい男』。あわよくば、これから漁師になれるかな」

もともと店は、六年前、親代々生業の川漁師の心組みの延長線上にはじめたものだ。ダムを取り払い、球磨川が自然の活力にみちて甦ったとしたら、それは何よりうれしいことではないか。万々歳だ。そのため、いまの事業が成り立たなくなったとしても、吉村さんとしては喜んで店をはじめる六年以前の自分に、「漁師になりたい男」に立ち戻るまでの話なのだった。

川は目を離したら死ぬ

川は、どれくらいドブ化したのか。

球磨川漁協の漁場特別監視員である藤下君男さんに聞いた。もらった名刺に、監視員のほかに漁協の上球磨部会の副部会長・公害調整員うんぬんとある。なぜ、公害「監視」員でなく公害「調整」員なのかは、すぐ後で説明する。肩書きいろいろ、しかし、何が誇りかといえば、土地の生え抜きであり親から二代の漁師であるということ。志すところも心情も、吉村さんと共通する。

漁場特別監視員藤下君男さん（井上）

「オヤジに仕込まれて、釣りの腕はもっとるばってん、いまはたいがい網でやっとります」

網で獲ったアユを素材に、惣菜業も営んでいる。アユのはらわたを塩辛にした「うるか」、「甘露煮」、「アユの開き」など、ご飯のおかずにするものをつくっている。苔の香気をふくむ「うるか」は、知る人ぞ知る土地の名産である。ところがこの商売、あまり儲かってはいない。

「なんというても釣るのが趣味ですけん、その趣味に引っかけて商売はじめたつです」

道楽半分でやってるわけだから、儲かるはずはないのである。ふだんは公害調査とか密漁監視とか、いつもそっちのほうへ出掛けていて、商売などまるで身が入らない。

藤下さんの役割は、要するに川が汚くなってはアユが育たないから、環境破壊の公害などの監視と漁場監視である。稚魚は放流しっ放しではいけない。後の追跡・観察・現場指導が必要だし、それを彼がほとんど一手にやっている。それにもう一つ、密漁の監視。

密漁といっても、相手が同じ土地の人だとそうキツイことばかりもいえない。もとはといえば、ダムができ稚魚放流をやるようになって、アユが漁協の管理に移ったのだ。それまで、川べりの住民ならだれだって自由に魚を獲っていたのだから。腹立たしいのは、よそから戦車みたいなごついRV車でやって来て、炭素繊維の釣竿や網でごっそり魚をかっさらっていく連中だ。自分や家族の食べる分を獲るのではない。彼らは売って儲けるためにアユを獲る、正真正銘のドロボウである。入漁料なんてたかが知れているのに、こっちが手間もひまもかけ、お金をかけて育てているアユを、やらずぶったくりに盗んでいく。いちばんやりきれないのは、こんな連中にかぎって川や自然への愛情がまったく欠落していること。缶やプラスチックのゴミを流したり、その山を川原に置き去りにしていく。

一般の釣り客の中にも無茶な人はいる。ポイントわきの道路にとめた車から、アユが仰天するヘビメタの爆音を轟かす。食いながら飲みながらを川に流す。釣果《ちょうか》のないのにキレて他人の竿先に石を投げこむ。無神経で身勝手……。マナー違反を指導するのも藤下さんの職分だが、これまたそうそう素直じゃない。居直って、危うく殴られかけたこともたびたびある。

さて、公害調整員とある「調整」とはどういう意味か。球磨川・川辺川流域には、いつもさまざまな河川工事が行われている。その工事現場から、大量の土砂やゴミなど汚濁物が出ないよう業者に直接交渉したり、指示したりすることが調整員の役目だ。むちゃな作業であっても、その進捗《しんちょく》を押し止める権利などは公的に保障されていない。その権限がないことを示すために、「監視員」よりおだやかな「調整員」となっている。

「国政選挙の多かときは工事の多かとですよ。全国の河川、おそらくそうでしょ」

そういったのは赤提灯の主である。コンクリートブロック一つにしても、当地の企業が造ったものは使わず、わざわざ広島からもってくる。船で鹿児島に揚げ、そこからトラックで運んでくる。建設省は指定業者以外の資材を一切使わせないから、資材費を比較してみるとこちらで調達するより資材費はかさむ。

「いい金づるなんですよ、川は」

選挙と工事の関係はひとまずおくとして、一昨年、本流のほうでは工事がやたら多かった。一ヵ所二ヵ所じゃない。護岸工事の全線でいっせいに出す汚濁がものすごかった。

昔は、ツルハシやモッコを使い、ベルトコンベアを使うほかはもっぱら人力でやる仕事だった。いくら川が濁ったとしても、一〇〇メートルか二〇〇メートル流れるうちに澄んでしまう。ところがいまは、一台で何千人分の仕事をこなすパワーシャベルやブルドーザーを何台も使う現場があっちこっちでいっせいにできている。

現在の河川行政の中で、漁協がなにかいえるのは魚のことだけである。なぜなら、漁業権しか問題にならないからだ。環境破壊もへったくれもない。漁協が手を抜いたり、藤下さんがちょっとよそ見していたりすると、川はドドッと濁っていく。業者ってやつは、環境ドロボウみたいなもんだ。

「漁協も、もう自然保護団体の延長線みたいなもんですよ。われわれ、見かじめ料（入漁料）ってどうのこうのと、業者からまるで暴力団の親戚んごと陰でいわるっですが、そっだけやっても、目が離れたらもうガリガリやられてしまう。あれだけ濁されると、われわれの監視や制限がなくなったら、川は一週間ともちません」

調整員には、行政権も司法権もない。当然、監視活動中に汚濁現場を見つけても、工事を強制的に中止させる拘束力はない。クレームをつけ、なるべく濁りが少なくなるよう注文をつけて「調整」するだけだ。いまは、建設省にとって川辺川ダム建設計画の最後の段階、二〇〇〇年度のダム本体着工をめざしている時期だ。漁協の同意取りつけと漁業補償交渉だけが残っており、当局もこの突起部分にローラーをかけようと必死である。

二〇〇〇年が明けてまもなく、朝刊各紙に、漁協内部の部会での計画説明会参加者へ、同省が日当と交通費を支払ったという記事が載って買収工作だと報じられたばかり。漁協を腫物《はれもの》のように扱っているいまの微妙な時期だからこそ、「調整」にも一定の効力は生じている。だが、もし同意書にハンコを押してもみよ、公害調整員の権威なんざたちまちブルドーザーに踏みつぶされてしまうだろう。

止まれば腐る

「河道補修が、周りの保水力を奪っているのではないですか」

「それは大いにありますよ」

　堤防を築き、その上に車道をつける工事は全国の河川でやられている。車道なら真っ直ぐなほうがいいし、氾濫を防ぐにも川の水はなるべく短時間に海へ流れ去るほうがよいというのが河道直線化の考え方である。それが、ダム放水と相乗的に急激な増水の原因となった。堤防に守られた田畑は冠水しなくなったが、その分、下流にまとまった水量が流れる。

　いま、建設省は「やさしい川」をうたい文句に、球磨川でも深みと瀬を造るための「水勢工事」と呼ぶ工事をやっている。流れの中の、いわゆる「出べそ」造りをやっているわけだ。川岸から流れと直角に「出べそ」を築き、早い流れを迂回させることで減速する。「出べそ」は、江戸時代以前にさかのぼって、よく氾濫する川には全国のどこの川にもあった。熊本県の白川にも球磨川にも、昔は「出べそ」があった。なぜ、あれをなくしたのか。

明治以降、ドイツの河川工学に学んだ日本の工法で、河道直線化はいわば常識化し、あちこちの川の風景になじんだ「出べそ」はチョン切られていくこととなった。ちなみに、私が住んでいる長崎市では、高度成長とともに、文化人を自称する諸谷義武市長による町や川べりのデコレーション化がすすめられ、市中を流れる中島川の「出べそ」——クサガメの甲羅みたいな出べその石組みの穴はウナギの巣であり、七十センチメートルものコイやフナやスッポンやカワエビ、メダカの「漁場」であり、飛び込み台であり、われらが古戦場であったところのその砦——が、すべて撤去された。

景観と自然とは違う。「異国情緒の長崎」のフレーズにあわせて、町や川べりが物欲しそうな厚化粧をする一方、両岸の石垣に毎年かかっていた青大将の脱け殻も、うるさいほどのウスバキトンボの大群やギンヤンマ、ムギワラトンボにシオカラトンボ、ホタルトンボ、お歯黒トンボ、アキアカネ、糸トンボ、牛ガエルも、みんなすっかりいなくなった。コンクリート三面張りのノッペラボウな川になってすぐ、空前の長崎大水害が起きている。

河道補修工事によって川岸がコンクリートで三面張りされる以前は、川の水は表面を流れる以上に地中へ染み込み、大量の伏流水となった。大地はすぐれた濾過装置である。現に球磨焼酎の酒造用水は、市房山系の重厚な自然のフィルターをくぐってきたミネラル豊かな伏流水だ。コンクリートで固めた川は、少なくとも川から地中に沁みこむ分を流れの水嵩に加算し、逆にその分、伏流水は減っているはずだ。

伏流水がすぐれた濾過装置なら、曲がりくねった川は水と大気との撹拌装置であり、取りこんだ大量の酸素による自浄作用をもつ。川が少々濁っていても流れるほどに澄んでいくのは、そのような物理的・化学的根拠があるからだ。河道直線化や三面張りは、川の流速を早め水嵩を増す。川がいつもきれいであるためには、自浄作用に見合う適度な流れが必要だ。あまり速いと、水は最後まで濁りっ放しで海へそそぐことになる。流れの遅速、流れのあるなしは、中島川みたいな小さな川でさえ環境を激変させる。

川が流れなくなったらどうなるか。アユが生き残れる環境はあるか。球磨川上流で藤下さんが直面しているのは、まさに流れそのものの消失および断続的消失といった深刻な事態である。

市房ダムのすぐ下に、それよりはるかに小さな幸野《こうの》ダムがある。昔からここには、「幸野溝《こうのみぞ》」「百太郎溝」と呼ばれる灌漑用水路の取水口があった。百太郎溝は一七一〇年（宝永七）完成というから歴史は古い。現在も取水口はそのまま機能中で、おかげで下流一五〇〇ヘクタールが潤う。

市房ダムを造るにあたり、二つの溝へ農業用灌漑用水に毎秒八・二トン、非灌漑期には一・五トンの水利権が約束されている。その配水のためにできたのが幸野ダム。ここから幸野溝の灌漑・発電へ、余った水が幸野溝の下の百太郎溝へ行き、残りが球磨川本流へ落とされる。先述のように、上下の溝それぞれ、灌漑に要する期間とそうでない期間に何トン流すという細かい約束がある。それを確保するため、ある程度幸野ダムに溜めておかねばならないが、ふだんもほとんど

百太郎公園にある灌漑用水路樋門（井上）

球磨川には落としていない。もちろん、渇水期になれば本流へ流す水など一滴もなくなり、ダム・サイト直下から数キロメートルにわたって石ころだらけの河原となる。幸野ダム下流の多良木地区などは、水が全然なくなってしまう。

それでもなお球磨川に水があり、見た目もまだまだきれいだとさえいわれるのは、周りの支流からの流れこみがあるからだ。中球磨《なかくま》以下に支流が十六本、それでどうにか本流のメンツを保っている。

球磨川の濁り具合は、市房ダムから水を落としているかどうかで決まる。梅雨期に長雨が続き、球磨川、川辺川とも濁った後、雨さえやめば川辺川のほうだけがきれいに澄む。ところが球磨川は、ダム湖から落とされた分がすっかり流れてしまうまで数ヵ月も濁っている。濁り方もふつうではない。独特な緑がかった生白い濁り方だから、「ああ市房ダムで水を落としよるなア」と分かる。ダム内に繁茂した藻類を大量にふくむからだ。

それでも市房ダムの湛水《たんすい》は、筑後川上流の松原ダムや下筌《しもうけ》ダムに比べればきれいだ、という者がいる。「冗談じゃなか」と、藤下さんは否定した。ダムが深く、普通は上澄みのきれいな分しか流していないからだ。

「底のほうの放水口を開けるとき、行ってみらんですか。まってコヤシの臭いですばい」

松原ダムや下筌ダムは、工事を急いでダムに沈む木々を切らないまま湛水した。そのため何十年かたって、木々の腐ったものが水中に混じって流れてくる。一見濁って汚く見えるが、これはプランクトンを多くふくみ、魚にとっては豊かな栄養となった。

だが、市房ダムの場合は違う。ダムから上手の市房山にかけては地質的にもろく、ダムへ流れこむ大量の土砂のため、毎年せっせと砂防ダムを造らねばならない状態だ。流れが早いほど砂もたくさん運ばれる。市房ダムがなかったころの急流球磨川とは、いまは砂防ダムにあふれているものすごく大量の砂を、絶えず流し続けてきた川でもあるのだ。建設省は黙っているが、中流の瀬戸石ダムには予想を超えた砂が溜まっており、漁業補償がらみになるのを避けるためか、国か県の費用でこっそり浚渫《しゅんせつ》しているらしい。

ダムの寿命は、堆砂量によって決まる。熊本大学元教授の松本幡郎さんのリポート（『川辺川ダムの地学的問題』川辺川研究会刊）によれば、九州の砂防ダムで寿命一年ほどというのは、市房ダムと、雲仙火山眉山と島原市との谷間に設置されている砂防ダムの二ヵ所だけだそうだ。当然、ダム底に堆積するのは、地味に乏しい砂かヘドロであり、そこに生える藻とすさまじい腐敗臭だけを湛えている。これが球磨川本流独特の、緑がかった生白い濁りの正体だ。

こうして百太郎溝以下の数キロメートルは、ふだん涸れたガラガラの河原のところへたまに市房ダム放水の「恩恵」にあずかったりすると、濁ってたまらなく臭い流れとなる。調べてみると、ここにはもうクロムシ（カワゲラの一種）がいない。それを餌とするハエ（コイ科の小魚の総称）も当然いなくなった。ダムの水の出し入れがひどく、川が切れ切れの水たまりになってしまい、クロムシならずとも生きてはいけない。もちろん、アユなどいない。

「いまあすこにおるとは、ヒラコとよぶカゲロウの幼虫くらい。湯前《ゆのまえ》あたりにゃ昔はうるさかごとおったハエが、もうおらん」

市房ダム以前には、豊かに息づいていた生物連鎖が、ひとめぐり確実に死に絶えたのだ。

毒入りヘドロ

川が汚くなったと聞くと、ふつう真っ先にアユの死滅が気になる。東京都と神奈川県の県境を流れる多摩川みたいな汚い川にアユが上ってくると、新聞やテレビの話題にさえなる。清流の代表格アユは、一面、もろい生物というイメージがあるようだ。だが前述したように、アユはもともと強い魚なのである。

アユの餌である珪藻《けいそう》は、石の肌についているのを削ぎ落としても、水がきれいなら十日でまた生えてくる。アユが砂でも泥でも何でも食って生き延びる、と吉村さんがいったのは、砂や泥の中に珪藻があっての話である。そんなもの食っていては成長も悪いし、腹が腐って食えもしない。それでもアユはしたたかに生きている。問題はむしろ、そのほかの魚たちだ。とりわけ、底生昆虫を食べている魚。これらは、ひどい汚濁だと全滅する。まず、泥をかぶった昆虫が死んでしまう。餌のないところに魚は育たないというリクツだ。研究者のリポートなどで、よくナマズだけは最後まで残るとあるのを見かけるが、吉村さんは自分の体験から首をかしげる。

「汚水に強いコイやフナ、メダカのたぐいは残るけど、ナマズは残りませんね。生食だし、魚を食うでしょ、その魚がいなくなるんだから」

しかし、アユが砂や泥を食って生きるとして、それも程度の問題だろう。もし、泥の上に泥が沈殿し、ヘドロが腐臭を放ち、底生昆虫どころか珪藻《けいそう》などもつかなくなったとしたらどうだろう。つまり、球磨川汚濁の危機はその寸前まできているということだ。市房ダム直下の場合、水が生きていたのはダム完成からほんの三年ぐらいだったろう。なぜそれが分かるかというと、石などへのコケ（珪藻）のつき方を見れば分かる。触ればヌルッとして、コケのもつ摩擦感がまったくないのだ。

「石のヌルっとしとるとは、極小浮遊泥《ごくしょうふゆうでい》とかウォッシュ・ロールとかいうて、要するにヘドロの微小なやつ。沈まんとです」

流れがあれば、そのまま海まで行ってしまうはずの微小ヘドロが、水たまりだらけの上流では川底の石の上に積もり、虫やコケの息の根を止める。川遊びをしていると、いつのまにかすね毛についてくる感じの、沈殿というより付着物の感じがする。自然の状態では起きない、腐った湛水独特の現象だ。

もっとも、濁りのすべての原因がダムだけにあるのではない。球磨郡はコメづくり農家が多く、それも水濁の大きな原因となっている。以前は水田の代掻《しろか》きなども牛を使っていたが、いまは大型機械で田んぼを掻き回す。当の農家に聞いてみると、田に水を張りトラクターで代掻きする前に除草剤を撒くという。これがもろに

5月、球磨川べりの水田風景（井上）

きが原因だ。

川へ行く。薬剤の容器を洗うだけでも川の環境は変わる。川の濁りがいちばんひどいのは田植え時だという。吉村さんの推測によると、濁りのおよそ八割は市房ダムの落し水より田んぼの代掻きが原因だ。

昔、宮原あたりの小さな支流でもザクザク獲れていたシジミが、すっかり全滅してしまったのも除草剤による薬害だろう。珪藻《けいそう》は水中に生えるから、全体にまんべんなく毒が回り、陸上の雑草に比べて薬剤に弱い。珪藻が死滅して回復するまでには十日ぐらいかかり、その間、もっとも大切な成長期のアユが砂や泥で食いつなぐため、成長も十日間止まってしまうことになる。

「いままで何度もそげんことがあり、あんまり濁っとったとき、川から上がってみたら、どっかのジイさまが大型トラクターで田んぼ掻いとらした」

「除草剤を入れてくれるな」と頼んだが、「そうせにゃ雑草が生えてどうもならん、代掻き、田植え、草とりを人手だけでやるには、いかんせん年ばとり過ぎてしもた」といわれた。若い者はとっくにあちこちの都会へ吸われていった。農薬と機械力に支えられ、かろうじて営まれる高齢化農業の実態がここにも立ちふさがっている。

藤下さんも漁協に、各農協を通じ農家へ除草剤を使わないよう回覧でも何でも出してくれ、と要望してくれるよう頼んだそうだ。だがいまのところ、農薬散布を自己規制する動きはまだ見えない。

農薬入り水田、ヘドロとアユとの関係は、地域の事情もからんで微妙なテーマである。

アユにコンクリートは似合わない

もし、ここに川辺川ほどの流量があったとすれば、そのぶん除草剤も希釈《きしゃく》され低毒化するだろう。だが、川の断流と停滞は、そのほかにも思いがけない障害をアユにもたらしている。

「アユの岩食み」といわれる採餌行動がある。砂や泥を食うといっても、まさか岩まで食うわけではないが、石についた珪藻《けいそう》を線条痕がつくほどアユがかじりとることをいう。漁師さんは、アユが「ナメル」と表現する。

三面張りのコンクリートにも珪藻《けいそう》は生える。珪藻さえついていれば古タイヤでもナメるアユが、コンクリートだけはナメない。なめらかで優しい原石とコンクリートとは、いわば口当たりが違う。ザラザラで粗いコンクリートの肌は、ナメると口吻《こうふん》がヤスリにかけたように傷ついてしまうからだ。

アユにナメられる石のほうは、激流にもまれもまれて丸っこい姿をしている。珪藻の生えたなめらかな原石は、アユに優しい。川の原石は、はじめから不動のままそこにあるのではなく、長い年月のうちに移動しつつ石同士でぶつかり合い、もみしだかれ、丸くなり、小さくなり、砂や土になっていく。水とともに、石も少しずつ形を変えながら流れているのだ。水と石の運動に見合って、複雑で豊かな生物環境も長い時間をかけてつくられる。

ところが、そこへダムができた。ダムの上下流には、幾重にも砂防ダムがある。見れば分かるが、市房ダムというのは、砂防ダムを造りたいためにできたのかと疑うほど、ダムから市房山にかけ重畳《ちょうじょう》たる土砂の砦が続いている。そのため、山と川とが遮断され、原石が川へ流れてこない。石が供給されない川が工事の土砂ばかりになり、あまつさえ流れも切れ切れとなると、微粒のヘドロだけが付着していく。

川辺川だって、巨大ダムができたら同じようなことになる。山から川への石の流れを遮断するからだ。川辺川ダムの取水面積は市房ダムの三倍といわれるが、湛水面は複雑に入り組んでいて実際は三倍以上だろう。当然、その周辺にめぐらす砂防ダムも増え、原石が供給されなくなった川に汚濁もすすむに違いない。

アユを釣る人（井上）

水清ければそれでよいか

ダムは水質汚濁を招くという批判に対し、建設省は清水《せいすい》バイパス導入とダム湖の濁度の少ない層からきれいな水だけ取りだして放水する「選択取水装置」の採用を発表した。清水バイパスの本格的採用は、川辺川ダムが国内初である。環境庁から水質日本一の折紙をつけられた川辺川の、ダムによる水質悪化を懸念する声に配慮したのだろう。

清水バイパスの最初のプランでは、ダムの十五キロメートル上流の二ヵ所から取水し、ダムを迂回して下流まで通した管により毎秒最大二十トンを放水するものだった。さらに、ダム湖に取り付けた選択取水装置できれいな水だけ取り、二つのルートからの放水で川辺川の清流を保てるという。選択取水装置は、最近のダムだとどこでも採用し、未設置のダムでも追加設置して効果を上げている、と建設省は説明する。

だが、ダム湖をかかえることになる五木村の当局者は反発した。田村種彦助役は、こんなに大量の清水だけをぬかれるのは「村の財産を盗られるに等しい」と新聞に語り、住民にも、ダム湖の水もいいとこ取りされたんじゃ汚濁だけが濃縮されてしまう、と強い懸念がある。そこで昨年末、建設省は清水バイパスについて手直し案を出した。

それは、ダム・サイトの上流八キロメートル地点に、高さ約二十メートルのダム湖内ダム（副ダム）を造るというものだ。これだと、副ダムは村中心部の約一キロ下流にあり、水はきれいなまま村の中を通り、副ダムに湛えられてそこからバイパスを通って八キロメートル運ばれ、本体ダムの下流に放水される。「これで水質はほぼ現状通り」と、建設省はいう。この手直し案に五木村も態度を軟化させ、容認に傾いているとマスコミは報じている。だが、この案はおかしい。

そもそも川とは一体何か、という科学的認識と哲学とが足りないのではないか。川の汚濁はもちろん、川漁の生死にかかわるテーマであり、球磨川漁協が絶対譲れないとしているのは当然だ。もともと、清水バイパスとか選択取水装置導入とかのプランは、川辺川ダム反対を掲げる球磨川漁協を意識した計画だった。彼らのいう良い水とは、まず魚が棲めること、魚の栄養があり、その栄養を絶えず生産する水のことである。それならば、この清水バイパスの中には、当然原石を長い年月かかって流し、岩の角を丸め、大小の石に砕き、シジミを育てるくらい美しい川砂にする自然の川の営みを、機能として組み込んでいなくてはなるまい。わずか八キロメートルでも、川辺川の激流は太陽光線と大気を効率よく撹拌《かくはん》し、自己浄化し、プランクトンから幾段階もの複雑きわまりない食物連鎖を完成させながら流れ下っている。

アユにとって必要なのはそんな水なのだ。見た目の美しさだけではない。

河川の人工化は、川がもつ自然な浄化力を弱めていく。そのため、いままであまり悪さをしなかった毒性プランクトンや細菌が生息域を広げてきた。「冷水病」を引き起こす細菌フラボバクテリウム・サイクロフィラムもその一つ。菌に侵されると、川魚は生きながら腐れていき、体に穴があく。日本では琵琶湖産稚アユから全国に広がり、各河川に病源菌が定着しつつある（七十二ページ参照）。いったん定着すると、その河川が新しい感染源となり、決定的な駆除方法はない。水温が低いと発生しやすいところから、この名前がある。いまから六十年ぐらい前、アメリカのギンザケから発見されたが、近年、人工河川化とともに、急激に感染源を世界に拡げている。「水清ければ魚棲まず」という至言は、利益誘導や賄賂常習者の癒しのためにあるのではない。このさい建設省プランで欠けているのは、川の自然についてのごく人並みな想像力である。水を見て、川を見ていない。川は清きがゆえに尊からず、生きものの生死にかかわってのみ尊いのである。

温度差

人吉・球磨地方での雨の降り方は三通りあって、前線が下がってくるときに降る雨は市房水系が多く、上がってくると川辺川水系が多くなる。ところが、どっちでもない停滞前線があり、これがあまり長いようだと両水系全域で洪水を引き起こしてしまう。年間を通じ、川辺川系は合流点より上の球磨川本流に比べ降雨量が多く、そのうえ水田耕作面積がそれほど広くないから、除草剤もだいぶ薄められて毒性が低くなっている。激しい流れがあるおかげで、浮遊へドロも溜るひまがない。しかし、川辺川の水質の良さはそれだけが要因ではない。

アユにとって怖いのは、雨そのものの水質である。ちょうど五月から六月にかけ、中国大陸から微粒の砂が風に運ばれてくる黄砂《こうさ》現象に雨が加わる日々が続いた。川辺川流域の小学校で、子どもが雨に濡れた壁に触り、手や背中や全身が痒いといいだした。調べてみると、酸性がものすごく強い。まったく同じ時期、たいして田んぼもなく工事もない川辺川でアユがコロコロと反《かえ》る。酸性雨のせいではないかとだれもが疑った。行政サイドでも、調査のために気球を飛ばそうとしたのだが中国当局は許可しなかった。水質日本一のお墨付きをもつ川辺川も、降雨量が大きいだけに大陸からの風と雨しだいでいまもアユが死ぬ。

しかし、そんなリスクを背負いながら、ひとえに清流が維持されているのは、相良村、五木村など、農家の人たちが川そのものを大事にしているお陰である。その点、本流・市房系と川辺川系の住民との間には、川に対する考え方・感じ方にやや開きがあるようだ。

この差は、本流・市房系流域の都市化と正比例する。熊本県の調査による球磨川・川辺川水系汚染の原因別割合は、家庭から出る生活廃水が四十八パーセントでトップ、工場など産業廃水二十一パーセント、家畜舎などの廃水十六パーセント、田畑や森林から出る汚れ十五パーセントの順である。そこで、人吉市のホームページ(1)はいう。

(1)　http://www.city.hitoyoshi.kumamoto.jp

水辺の祠（重松）

もし生活廃水を川に棄てたとして、それを魚が棲めるような元の水質に戻すには、使用済みの天ぷら油の場合、油五〇〇㎖にたいし浴槽三三〇杯分の水が要る。牛乳一本でも浴槽一〇杯分、みそ汁一杯で浴槽五杯分も要る。市民のみなさん、洗濯は粉石鹸をそれもなるべく加減して使いましょう。お米のとぎ汁は庭の木や家庭菜園に。台所ゴミは水気を切り、使った油は紙に吸わせて出すか回収して石鹸の原料に。さらに下水道の利用や合併処理浄化槽を設置し、下水道といってもなるべくきれいな水を流してほしい。

農業による生産活動は、別に意識しなくても自然との循環によって成り立つ。だが、都市の消費生活は、リサイクルに投資してはじめて自然の環の中に入れてもらえるのだ。単に環境へのモラルの問題だけでなく、ものをつくる社会と、すべて一方的にゴミにしてしまう社会との違いがそこにある。

　川辺川でなくても、そのまま飲めるほどの水が流れているところでは、米を研《と》いだり、食器を洗ったり、野菜を洗い、衣服や農機具を洗うポイントは、流れの自浄作用を考えてリズミカルに展開し、それ自身流れの生活文化をつくっている。本流・市房水系の人びとも、かつてはそんな暮らしをしていたはずだ。流れと人びととの交感の拠り所である水辺の祠《ほこら》は、いまでもあちこちに残っている。

山ン太郎・川ン太郎

　球磨川流域には現在でも、吉村さん曰く「カッパの変種」らしい妖怪の存在が信じられている。

「そんなもん、いると思うか」と尋ねたら、藤下さんはこう答えた。

「山ン太郎・川ン太郎でしょ。人にいえば笑うとですが、やっぱ居っとですもんねえ」

　私の母方の祖父は、いまでいう農事指導員として熊本県内をあちこち転任した。そのかたわら、任地付近の川へ投網漁に行くのが趣味だったが、熊本はそんな川がどこにもあり魚種も魚も豊かだった。少女だった私の母がその跡についていくのだが、腰までつかって網を打つ祖父の背後によくカワウソが忍び寄ってきて、祖父の後腰に括りつけた魚籠からコイやウグイを盗んでいったという。ひょっとして、山ン太郎・川ン太郎というのはカワウソのことではないか。

「いや、違う。姿はぜったい見えんとです。山ン太郎の場合だと、木を伐る真似やら、自動車の真似でも何でも、すっですけんね」

「それを藤下さんは聞いたとですか」

「聞いた聞いた。聞こゆっですよ、石、転がしたり、すっですもん。姿は見えんけど、そんときゃおそろしかけん、全身、毛ェがピーンと立ってしもて。後で石投げてやったですたい。コラッ、お前んおかげで……馬鹿タレ。ばってん、いたずらもどうやら自分の気に入った相手にしかやらんごたるですよ」

それまで川の汚濁やアユの生息状況についてかなり深刻な話をしていた彼から、いきなりこんな妖怪の話が出てくるのも楽しかった。球磨川・川辺川流域には、絶滅したとされるニホンカワウソを見たという情報がいまでもあり、藤下さんによると、ありうることだという。少なくともカワウソ情報を信じるのと同じ程度に、彼は山ン太郎・川ン太郎の存在を信じていた。

川ン太郎と山ン太郎とは同じである。違うのはただ、いたずらする場所が違うだけのことだ。ここらの農家では、ついこないだまでドラム缶で湯を沸かして入浴していたが、ある日、その湯に入ると湯水がなんだかドロドロして気持ちが悪く、入っておれない。実は、これが「太郎」のしわざである。かと思えば、冬は寒いから炭窯の横に暖をとりにきたり、だれもいないのに泣き声が聞こえたり、掛け合う声が聞こえたり。

驚いたことに、「太郎体験」は彼だけでなく、川漁師の中でずいぶん聞いた。共通して浮かび上がってくる太郎像は、馬を水中に引き込んだりする河童伝説みたいに陰惨な悪さはしない。悪さもせいぜい子どものいたずら程度の、「ゲゲゲの鬼太郎」みたいな、人間好きで陽気な善玉妖怪のイメージである。

山ン太郎・川ン太郎は幻覚にすぎないのだろうか。仮にそうだとして、もともとマボロシというものは、薬理的な幻覚作用は別として、多くがその人の願望や不安、トラウマなどの間接的反映である。私には、「太郎体験」が圧倒的に川漁師に多いところが実におもしろかった。「太郎体験」とは、川と周辺の山を仲立ちに、自然と交感できる人間にのみ可能な自己対話ではないのか。山ン太郎・川ン太郎のほうだって、自然のそよぎをまったく感じ切れない人とは遊びたくないだろう。

球磨・市房水系に、いまや人びとと対話できる豊かな流れや、森の妖気ただよう空間が残っているか。そこを、コヤシのような異臭に満たし、川を切れ切れにしてしまったのはダムであり、開発という名の環境破壊である。死んで腐敗し切った川には、山ン太郎も川ン太郎ももう棲んではいない。川でなくなった川へ流しの水や家庭の廃水を落す——川を汚すことへの人びとの恐れや罪障感《ざいしょうかん》は、これもとっくに消え失せているだろう。

安楽死する農業

事情こそ違え、「川」と「農」との関係の崩壊は、川辺川系の農家でも急速にすすみつつある。現に、流域の町村残らず川辺川ダム建設促進に回ったいま、農家もダム周辺の道路造りやダム本体の準備工事などに雇われて生活している。そんな人たちの多い五木村で、いまさらダムについてあれこれ尋ねても返事はこないだろう、と私は忠告された。少し前だと、私みたいな外部の者が行ったら、跡をついて回られたという。しかし、ボールは投げねば返ってこない。

だれもが金のためだけで土地を手放したわけではないし、村の中心部が水没し新しい造成地へ移ることを幸せだなどと思ってはいない。湛水線より上の集落では、交通がダムに遮断されて不便になったうえ、対象外のため補償金がまったくとれない農家もある。土木工事の現場に雇われて稼ぐのも、百姓が嫌になったからではないし、貧乏のせいだけでもない。いちばん強いインパクトは、これから先いくらがんばっても農業に未来はないのだというあきらめ——宵闇のように避けがたく広大なアパシーである。

山地が国土の七割を占める日本のどこでも見られるように、山国肥後も九州の脊梁《せきりょう》山地に刻みつけた棚田と、その上下をはさむ上井出・下井出分水路を縦横無尽に発達させ、稲作と治水とを見事に両立させてきた天地だった。山地にもかかわらず、コメの産出量も多かった。雨は天から地上へ降り、山地の棚田をまんべんなく潤して川へ下る。農家の暮らしの中を水が循環していた。

つまりはこれが、このほど改定された新農基法（食料・農業・農村基本法）にうたわれる「農業の自然循環機能」ってやつだろう。ところが、平家治世の中世期から鎌倉期、江戸期と発展的に受け継いできたこのシステムを、農業そのものの取り潰しによってわずか数十年で崩壊させたのはほかならぬ自民党政府である。一九六一年（昭和三十六）に制定された農業基本法により、日本の農業は、「利水」の梅山さんの表現によれば「安楽死」させられていった。

東西冷戦が終わり、超大国の規制が緩むとともに民族・宗教紛争が頻発するいま、地球規模の環境破壊も加わって、にわかに食料自給率の向上が国家的テーマになった。いまさら何だ、という気もするが、農業基本法は四十年ぶりに、新しく食料・農業・農村基本法として制定（一九九九年）された。

新農基法が掲げる四つの理念の一つに「農業の持続的発展」がある。その具体化として、「持続性の高い農業生産方式の導入に関する法律」などいわゆる環境三法と、「ＪＡＳ改正法」など十本を超す関連法もつくられた。農水省のホームページ[(2)]の説明には、「慣行型から環境保全型へ」とか、「持続性のある（サスティナブル）農業」といった新しげな言葉がふんだんに登場する。

（2）　http : //search.maff.go.jp/guide.html

慣行型農業とはつまり、農薬でも化学肥料でも農家が勝手に使い放題で、ほんらい農家を守る立場の農協がモウケ一点張りの金貸しになり下がり、農家を潰すのも勝手放題といった旧農基法下で横行した野放し状態をさす。これに対する環境保全型農業とは、農薬や化学肥料を三年以上使っていない完全無農薬有機栽培、低農薬・減農薬の特別栽培農業などをいう。これらに対し新しく登場した持続型とは、日本の多数派である慣行型を、ゆっくりだが環境保全型へ変えていこうというやり方をさす。

まず知事が、地域それぞれの特性に即しつつ「持続性の高い農業生産方式の導入指針」を決め、それに沿って各農家が、堆肥を増やし化学肥料・農薬を減らしていく計画を立てて知事の認定を受け、資金や技術的サポートを受ける。農水省イチ押しの「持続型」とは、つまりはそんな仕組みのことをいう。

だが、それらの施策は熊本県の場合、海寄りの平野部に展開する広びろとした耕作地の農業にはあてはまるだろうが、人吉・球磨地方は平野部の大・中農業とはおのずから事情が異なる。この地域の段々畑や棚田に特徴的な農業形体は、「中山間地農業」と呼ばれ、慣行型農業に丸ごと取り残されて置き去りになってきた農業なのだ。

新農業基本法には、環境への言及が見られるし、食料そのほかの農産物の供給の機能以外の多面にわたる機能を育てなければならない、ともある。多面的機能とは、農業の自然循環機能であり、それは「農業生産活動が自然界における生物を介在する物質の循環に依存し、かつ、これを促進する機能をいう」(第四条)とある。農業を自然環境の中に調和しつつ位置づけよう、と。もともと日本農業のもつ自然循環機能を、旧農業基本法や農業構造改善事業などで次々ぶち壊してきた同じ役所や政党がつくった法律にしては、気味が悪いほどの政策転換ではないか。いかんせん、現状からはだいぶ遅すぎたのだが、改むるにしくはない。

新農基法制定の一九九九年の八月に、農水省は中山間地農業への直接支払(補助金)制度も決めた。国の手が、いちおう届くだけは届いた感じである。急傾斜農地と緩傾斜農地の二つに分けられた補助対象のうち、人吉・球磨地方のほとんどが前者にあてはまる。急傾斜農地への十アール当たりの年間支給額は、水田では傾斜二十分の一以上で二万一〇〇〇円、畑は傾斜約七分の一で一万一五〇〇円、土地がやせて草地の広さが農地の七割以上となるところは、傾斜があってもなくても一律一五〇〇円支給と決まった。

「これでどう、また元気出して百姓続ける気になったですか?」

川辺川ダム基底周辺の工事現場にいた、五木村の農家の人たちに聞いてみた。瞬間、彼ら五人が五人とも何ともいえぬしかめっ面をして、ハハッと横へ笑いすてた。その声の苦さが、いまも耳の底に残っている。

地域が土木工事で潤うといっても、所詮一過性の賑わいにすぎない。人吉温泉街も商店街、市房ダム下流の免田町など、町のさびれようもひとしおだ。「ここんとこ不況だから」と、だれもがいう。経済不況をモロにくらっているのは事実だが、それだけではあんまり一般論すぎよう。

人吉・球磨地方は、昔からなにも観光産業だけで食いつないできた地域ではない。町がさびれたのは、そのバック・グラウンドである農業、「慣行型農政」に置き去りをくい、いまや「安楽死」を迎えつつある中山間地農業、ほかならぬ人吉・球磨農業の衰退によるものだ。

4

湖底幻視

西ゆかり　画

無策の策で退路を断つ

五木東小学校の校舎は、一九三七年（昭和十二）に建てられた木造の二階建てである。校門の前に、「頭地下手《とうちしもて》遺跡」とプレートが掲げてあった。遺跡は校舎建築のさいに発見されたという。校舎のうしろの森は、一年でいちばん明るい六月の光を浴び、樹冠の発達した木々が微風にゆったり身じろぎしている。厚ぼったい森を後景に眺めると、木造校舎はほれぼれするくらい美しい。五、六本ある校庭の木は、いずれも二十から三十メートルの喬木である。学校ができてから木を植えたのではなく、どうやら森を開いて学校を造り、形のよい高い木だけを残しておいたらしい。学校とともに何十年かがたつうち、木々はいよいよ高く立派になっていったのだろう。

夢中で写真を撮っていたら、校長先生が出てこられ、お茶をふるまわれた。人吉から新しく赴任されたばかりだという。木の名前を教えてもらった。モミ、ホシトガ、イチイガシ、タブシバ。木下闇《このしたやみ》の濃くなるあたりに小鳥の巣箱が架けてある。本校からは山よりの奥にある分校には、希少種ブッポウソウが営巣しているという。イチイガシの根元に焚火の跡。灰の中にたくさんのドングリ。焦げたドングリの殻を噛み割り食ってみると、懐かしい甘さが口にひろがった。

川辺川ダムは、この全景を湖底に沈めようというのだ。五木村の中心頭地地区からさらに上流の竹の川あたりまで、完全に四つの地区が水没する。村外へ移る人たちのほか、計一〇七億円か

美しい木造校舎の五木東小学校。これもダム湖に沈む（井上）

けて水没地の代替宅地六ヵ所の造成工事が行われており、そこへ移住する人たちもいる。すでに消滅した四つの集落跡があり、それにとどまらず野の脇地区も消え入らぬばかりだった。非水没地ながら、葛の八重集落も空き家が目立った。村役場も、うまい五木ソバで有名な藁家の店も沈む。

生活基盤整備という名の、水没予定地家屋の取り壊しや、観光バスや大型車両むけに道幅の広い国道に付け替える工事もすすんでいた。こうして、山深い里から一転、車にあけすけな、あっけらかんとした生活団地へと変貌する。私が五木を訪ねたときは、水没地世帯数四六五のうち、およそ一〇〇世帯が村に残る準備のため、まだ移転補償を終えていなかった。

代々何百年も住んだ集落が、ブルドーザーの爪で掻き払われていく。声もなくそれを眺めて立ち尽くす人びと。いい知れぬ感慨もあるだろうが、彼らがもう一つすっきりしないのは、いまになって高まってきたダム中止を求める世論である。ともかくいま、ダム中止となり、代替地建設、住宅移転、道路付け替えなどの工事が一斉ストップしたらどうなるのか。ここまできて方向転換は可能なのか。肝腎のダムもこず、壊すだけ壊し、食いちぎられてバラバラな集落だけが残されるとしたら……五木の人たちが当惑するのも無理はない。こうした場合、彼らを救済する法的規定など何もないのだ。

　川辺川ダムのように、三十年前の状況がまったく変化し、目的があらかた消失している公共事業の場合、当然、計画の途中停止は起こり得ることだ。それに備える法的措置がまったく想定されていないのは、いったんやりはじめた事業は、どんなにムダなものもしゃにむに税金をつぎ込んでやってしまうための意図的手段ではないのか。無策は、ときにもっとも有効な策であり得る。かくて建設省の工事は、すさまじいほどの急ピッチですすめられている。まるで、退路を断つかのように。

フンババ殺し

もともとこの地域は、太古の昔から人が住み続けてきた土地だ。住民の代替地への移転完了後

頭地下手遺跡
五木村東小学校、東俣阿蘇
神社の敷地一帯が先史時代
縄文後期の遺跡であるとい
われている。
一帯からは、土器片、石錘、
石皿などが多数出土する。
五木村教育委員会

五木東小学校校門わきにある頭地下手遺跡（井上）

に本調査が行われる予定だが、頭地《とうち》下手遺跡からは、縄文後期の一大集落が出てくる可能性が高い。ここだけでなく、六ヵ所ある代替地のうち五ヵ所から、縄文土器や室町期の五輪の塔、中国産の青磁・白磁などが出土している。

隣の宮崎県「塚原遺跡」からは、今年になって縄文初期にあたる一万一五〇〇年前の彩色土器が見つかった。一万年前といえば、最後の氷河期であるウルム氷期がそろそろ終わるころである。日本列島が南北の大氷原で大陸とつながり、南方からのナウマンゾウ、北方からきたマンモスやオオツノジカが、大陸との間を往ったり来たりしていた時代だ。群馬県岩宿の関東ローム層から旧石器が発見されたのを見ると、人類はそれより二、三万年前から広く生活していたらしいが、集落遺跡からの彩色土器出土は塚原遺跡が国内最古である。

当時もっとも先進性をもつ南九州の文化が、ここに息づいていた。太古から、海辺や川辺はヒトが生活するのに適した天地である。ダムによる川べりの消失は、ヒトが生きた痕跡の抹消を意味する。五木村頭地《とうち》にある五ヵ所の遺跡のほか、ダムに沈む川辺川沿いには、下手遺跡から相良村四浦の野原遺跡まで九ヵ所の遺跡が点綴《てんてつ》する。下手遺跡だけでなく、調査がすすめばほかにも集落跡は出てくるだろう。最終氷期の先進文化はこれらの集落を貫流し、人吉盆地の氾濫農耕期、棚田の形成、相良文化と称される鎌倉期における人吉盆地の賑わいと照応しつつ、室町期、江戸期と連続的に川べりの生活史に重層し、今日に至っているのだ。

だが当局側は、これら計十ヵ所の遺跡を記録保存だけして、遺跡そのものは丸ごと沈めたり壊してしまおうというのである。人類史を紙の上に移すだけの調査だが、それさえ先を競っていまやダムの本体工事の着工が急がれている。

失われるのは遺跡や集落だけではない。山深い人びとの生活に入りこみ、日常を縁どっているのは森である。その森も沈む。

『ギルガメシュ叙事詩』は、干し固めた粘土板に楔形《くさびがた》文字で書かれた人類最古の物語である。メソポタミア古代バビロニアの都市ウルクの王ギルガメシュと、神々により泥でつくられた人間であるエンキドゥは、洪水と人びとの死をもたらす森の神フンババを殺し、あたり一面のレバノン杉の森を伐り払う。その罰として、神々はエンキドゥを死なしめる。この五〇〇〇年前にさかのぼる最古の英雄物語は、そのころからはじまっていた砂漠化の進行によって滅んでいったメソポタミア文明を髣髴《ほうふつ》させる。もともとこの文明は、チグリス・ユーフラテス両河の下流域の氾濫農耕からはじまり、灌漑をめぐらして集約的なコムギ栽培と牧畜でいくつもの都市国家の基礎を築き、発展した文明である。

レバノン杉は、都市の建材として盛んに使われた。諸都市国家は、あたりに豊富なレバノン杉の森を乱伐し、それで建物を建て、レンガを焼き、都市を造り、木で船を造って大量の木材を載せ、エジプトに輸出して財貨を稼いだ。森を食いつくした荒廃の果てが、現存するウルク遺跡である。さらに、木材が枯渇したウルクやウルなどメソポタミア南部の都市へ、はるばるアラビア海からペルシア湾をへて膨大な木材を輸出し続け、森から伐りとった木で都市を造り、それによって栄え、それによって滅亡したと考えられるインダス文明がある。そこがインダス河沿いの深遠な森だったとは到底信じがたい砂漠に、現在、かつて木材輸出の貿易港だったロタール遺跡がある。モヘンジョ・ダロ、ハラッパ、それについ最近発見されたインドのドーラビーラは、いずれも森を食いつくして滅びた都市遺跡である。黄河文明、新たに発見された揚子江文明も森の破壊とともに滅亡した。

『ギルガメシュ叙事詩』の劇中劇として語られる人類滅亡の大洪水は、ギリシア神話中のデウカリオン一家以外の人類絶滅、旧約聖書のノアの方舟をはじめ、幾多の洪水伝説の祖形《そけい》とされる。エンキドゥが泥でつくられたように、旧約聖書でも人はもともと粘土からつくられ、滅亡すると粘土へ還る。エンキドゥの「エンキ」とは、シュメール語で「泥」の意である。泥は氾濫農耕の象徴でもあり、人と農耕との完結した連鎖の象徴でもあるだろう。森の乱伐を神罰にあたいするとした古代人の英知は、いまなお新鮮で印象深い。叙事詩から二千数百年下った旧約聖書にも、森を破壊する者たちへ厳しい批判がひびく。

川辺川ダムの水没面積は三九一ヘクタール。乳牛五〇〇頭を自然放牧できるくらいの広さだが、ギルガメシュが立ち向かった古代バビロンの森とは、スケールも時代状況ももちろん違う。しかし、洪水を防ぎ利水を図り発電するため、付け替え村道、付け替え県道、付け替え国道を造り、橋梁を付け替え、わざわざ野鳥と昆虫の公園を造り、わざわざ沿道緑化を行い、椿まで移植してわざわざ自然を人工の緑に変え、ペーパー化した史料などは瀟洒《しょうしゃ》な歴史展示館のケースに収め、一見さっぱりと文化「的」に擬似都市化していく思想、そのために森や川を殺しても恥じないところは、神罰にあたいしたギルガメシュらの所業となんら変わらない。

思えば、われわれ人類は五〇〇〇年来ずっと止むことなく、森を殺す原罪を冒し続けてきた。中国の三峡ダムによる電力生産は、日本のすべての水力発電所の合計発電量に等しい。ということは、単純計算してみて、三峡ダムが水没させる広大な森と同じ広さの森を、日本はこの狭い国土の中ですでに滅ぼしていたことにならないか。

昨年（一九九九年）六月、国際赤十字社が発表した報告書「World Disasters Report」によると、過去数年間、世界各地で増え続けている洪水、干ばつ、砂漠化、地震などの自然災害が、発展途上国での貧困を広げる原因となっている。つい六年前、世界の自然災害被害者数は年間五十万人だったのが、一九九八年には五五〇万人と十倍以上に増えた。これは、内戦など武力紛争で家や仕事を失った難民の数より、自然災害の被害者で援助が必要になった人々のほうが多いということだ。中東やアフリカ、バルカン半島など、至る所で地域紛争が続発しているにもかかわらず、自然災害がそれを超えた。同年の大きな災害といえば、インドネシアの大干ばつと山火事、中国の揚子江の大洪水、中央アメリカを襲ったハリケーン「ミッチ」などだが、これはいずれも地球温暖化と密接に関連すると考えられている。

今日の自然災害の特徴は、人為により自然が被る破壊から起きている。この結果、被災地の人々は家や仕事を失い、世界で約十億人がスラムに住んでいるとリポートはいう。『ギルガメシュ叙事詩』や『旧約聖書』に見る古代人のアレゴリーが、いまほど生々しく新鮮な恐怖としてよみがえってくる時代はない。大洪水は、すでにもうはじまっているのだ。森や川を殺し、集落が流亡していく五木の現状は、五千年来うち続く自然への人為的破壊の縮図である。

タダでもいらない

代替宅地六ヵ所のうち、いわば中核とされるのが頭地《とうち》代替地である。立村計画によれば、総開発面積は三十四・五ヘクタールとなっている。建設省側がつくったカラーグラビアの豪華な宣伝

ダム建設地から立ち退いた人が移り住む予定の頭地代替地計画図
（建設省広報資料パンフから）

資料には、五木らしさを表現するため景観にも十分配慮した〝「子守唄の里」の再生〟とある。だが、景観はともかく、この団地の地質についての配慮はどうだったのか。

地質学者である松本さんの前掲リポート（九十一ページ参照）が、それに触れて警告している。ここの地層を形成している泥は、すべて霧島・阿蘇火山から飛来した火山灰であり、その下層に阿蘇火砕流堆積物がある。この二層の間、堆積物の最上部は粒子が細かく、噴出時の高温のためそれが粘土化し、全体として川辺川のほうへ緩い傾斜をもつ。一九六三年（昭和三十八）の五木大水害は、長雨を吸い込んだ山地の地滑りから引き起こされたが、五木で起きる泥流地滑りのほとんどは、粘土層が水を含んで粘性を失い、潤滑油のようになって山も田畑も家も滑りだしたものだ。ダムが湛水されると水面は約

湖底に沈む“子守唄の里”五木村（かわべ川）

四十メートル上昇し、頭地代替地の粘土層より高くなる。

もともと頭地《とうち》の人びとは、この地域としては泥が滞留している唯一の場所であり、ここを畑地としてきた。古代以前の遺跡時代はともかく、人工林による林業が盛んになってからは、人の住む大きな集落とはしなかった。人工林は保水力に乏しく、自然植生では起きない土砂崩れが林内で起きるからだ。その土地にはいままで茶畑があり、自然植生の木々が生い茂り、泥の流出や安全がそれらの保水力によってかろうじて保たれていたのも、長い生活史から得た経験則のたまものである。暴れ河には逆らわず、河に友として愛される民族になろうとした先人の知恵と、どこか共通しているだろう。

これに対し頭地の宅地開発は、堤防をコンクリートで固め、河道を直線化して力ずくで川を押え込もうとする明治以降の近代工学そのものだ。広大な植生を剥ぎ取り、団地を造成し、泥土の安全はコンクリートの擁壁《ようへき》で保とうというのが開発計画の考え方である。大丈夫なのか……。

松本さんは、ダム審議会委員の専門家の「阿蘇火砕流堆積物の下のほうは水平であり、安全だ」という発言に、地滑り、斜面崩壊、泥流などの危険性が多分にあり、その対策工事も十分になされていないから、「この宅地造成地を無償で贈るといわれても、筆者（松本）にとれば、怖い場所は恐らく拒否する」といい切る。

仮に安全が保障されたとして、そんな厚ぼったいコンクリートの要塞にできあがるのであれば、全国どこにでもある類型団地のひとつにすぎない。それで果たして「子守唄の里」は再生できるのか。

緑のダムで洪水を防ごう

五木村は広い。同県の宇土郡全体と同じくらいの面積に、いまはもう人口千数百人ぐらいしかいないという。最盛期は三七〇〇～三八〇〇人いた村民が減少したのは、もちろんダム計画の受け入れ以後だ。

当初、五木の人たちは、村をあげて「ダム反対」だった。反対運動は盛り上がったが、熊本地裁に起こしたダム基本計画自体の差し止め請求訴訟は、一九八〇年（昭和五十五）三月に敗訴。条件闘争に移らざるを得なくなった。しかしこの背景には、それまでダム反対だった人吉市さえ不買同盟に揺すぶられて腰が引けてしまい、五木村だけが孤立無援になったことがある。

地権者への補償金が支払われ、人吉に働く人たちが相良村などのベッドタウンに家を建てて移り住んだ。現在に至る人口減はそこからはじまる。事情に詳しい重松さんの話だと、補償金一億円の人も五〇〇〇万円の人も、相良村の下流あたりに、お互い目いっぱいの競争をしてりっぱな家を新築した。

「ところが、固定資産税がどかっときて……。せっかくの新築ばまた売り払うて、立ち退かれたケースも多かとですよ。どなたも、水道代も野菜を買う金もいらぬ暮らしのほうが自由でよかったはず」

毎週、送迎マイクロバスで五木から相良村のペートル会川辺川園まで二時間かかってデイサービス(1)に通うBさんもいう。

「故郷ば売り払って、だれが好んでよその土地に住みたかもんですか」

新天地での現実は、失ったものがあまりに大きすぎた。

「五木のわれわれがあれだけダム反対だったとき、だーれん加勢してくれんじゃった。刀折れ矢

（1）高齢者の保健福祉サービスとして、厚生省の方針で設置された施設。

尽き、そのときゼニば握らされたらつかむしかなかろ。おどま盆ぎり、盆ぎり、盆から先ゃ居らんと。送別会でも唄うたばってん、いま聞いても涙ん出っとですたい。

十年位前から、下流の人びとの川辺川ダム反対が盛り上がってきても『何をいまさら。あんとき、下流の方々も反対してくれらしたら、ダムはできんやったつばい』、『下流のためにダムは必要といわれたけん、おどんも折れたつ』と、五木じゃみんないうた」

いまはだいぶ沈潜しているが、屈折した複雑な思いはそこからくる。下流のダム反対派や外部の者たちへの隠微な対応も同じだ。しかし、五木村の人たちが川を大事にしてきたからこそ清流が保てた、という漁協の人たちのエールもこのさい彼らに伝えておきたい。

「地元は非常に川を大事にしとる。ところが、公共事業に頼らんと食うていく金の入るとこがないでしょ」といったのは吉村さんである。どうしても、行政から出てくる金に頼るしかない。

「『お前たちが反対すっなら金も仕事もやらんぞ』とばかり、私たちもやられてるわけです。たった五十万尾の鮎の中間育成でも、『お前たち反対すっなら補助金なやらんぞ』と。三〇〇万そこそこの金でさえそう。三億も五億もとなる仕事をとれるかとれんか、そこに絡めてお上《かみ》から脅されたら、町や村も……」

事実、漁協の人たちは、建設省が五木について使う金に対して一言も口出しをしていない。重松さんや市民運動の人たちにも共通して、「五木の人たちには気の毒だった」という気持ちこそあれ、批判がましい声は聞かれなかった。

「総額二六五〇億円突っ込んでおいて、国が自らダム建設中止とはいうまい。しかし、われわれにはウラが見えとる。五木は僻地だし、陸の孤島だ。ダムを造るという口実でもなければ、ほんとに必要な農道一本できなかったわけだから。それもできた、となればもうこれ以上、ああいうバカ無駄なもん造ることたない。ダムはムダ。ダムはムダ。これまで使った一〇〇〇億ち税金は、過疎地振興対策費として使うたと思えば腹も立ちません。いっだん良かったですたい」

昨年の十二月、「九州の原生林を守る連絡協議会」の西山秋二さんら市民グループは、川辺川のいちばん上流周辺を調査し、約二十年前の森林伐採地が見事な自然植生に蘇っていることをつきとめた。彼らは建設省川辺川工事事務所に、「森は再生しており、ダム計画は見直す必要がある」とする要望書を出している。

森の保水力を高めるため、吉村さんらの「川辺川・球磨川を守る漁民有志の会」も、伐採後放置された山一ヘクタールを三十年契約で借り上げ、この春からケヤキ、クヌギなど七種類の苗木を植えた。電子メールの呼びかけに応じて参加した市民たちが、生い茂った下草刈りなど植林前の地ごしらえに精を出した。

川辺川ダムの目的の第一は「治水」である。大きな山林地主がいて林業が盛んだった五木も、敗戦前後の乱伐で荒れ果てた。空から眺めるとよく分かるが、日本の国土のおよそ七割は山地である。一見、緑豊かだが、山地の四割がスギやヒノキなどの人工林だ。戦後、球磨川での三年連続大洪水の最初の年（一九六三年）に起きた川辺川上流の五木村での水害は、長雨と土砂降りによって起きた土砂崩れが引き金となった。

森林内の土砂崩れのほとんどは人工林で起きる。原因の第一は乱伐。むき出しになった山肌は、少しの雨でも土砂が流れやすいからだ。それだけ、クヌギやミズナラ、下草など複雑な生態系をもつ自然植生に比べて保水力も劣る。もう一つは、人工林をなんの手入れもせずにほったらかした場合だ。日本の林業は、海外の安いラワン材の大量輸入がはじまってから不振をきわめていく。人手にかかる出費を恐れて間伐しない林は、密生した昼なお暗い林床《りんしょう》か、かろうじて木洩れ日のあたるところに種類の少ない単純な植生だけが育つ。モヤシのようにヒョロヒョロな木は、少しの風でも雪でも簡単に倒れてしまう。間伐材は現在、木材市場で一立方メートル当たり一万二〇〇〇円くらいの相場だが、間伐の費用と運搬費は一万五〇〇〇円かかる。こうしてほったらかしにされた山林は、日本の至る所で風倒木《ふうとうぼく》ばかり多い無惨な風景をさらしている。倒れた木は運び出されないまま、朽ち果てるまでの長い間、草や若木の芽生えを妨げる。こんな荒れた場所の土砂は流出しやすい。

五木にはいま、手をかけてもらえないスギやヒノキ、サワラなど、伸びっぱなしの木が多い。樹間が密になって陽がささず、つま先立った細いスギやヒノキが共倒れ寸前にみっしり生えている。だが、皮肉なことに、長すぎる林業不振のあいだに風倒木が土に還り、隙間ができた人工林の中へ照葉樹中心の自然植生が割り込んでいく。山地全体はゆっくりと、人工植林以前の自然に還りつつある。保水力にかぎっていえば、林業が盛んで下枝も下草もなくスケスケになっていたころよりもあるだろう。

森林の保水力には限界があり、四〇〇ミリを超す大雨だと危ない、と工事事務所はいう。しかし、広大な森林地帯をダムに沈め、いまようやく数十年ぶりに回復してきた貴重な保水力をまた潰してまで、一億トン超える水塊をかかえるダムを造ることが果たして最良の策といえるだろうか。吉村さんらは、「現に実際の大雨で流量が極端に増えることはなくなっているし、護岸工事などと組み合わせれば洪水は防げる」と反論している。

山に木を植えて悪かろうはずはない。緑のダムで洪水を防ごう。川の暮らしを守るには、遠回りのようだがいまこそ流域の生態系全体に目を配るときなのだ。吉村さんたちは、人吉市の旅館業者と五木村の人たちに植林への参加を呼びかけている。

平家は二度亡ぶ

五木村の子《こ》別《わかれ》峠近く。買物があれば、人吉へ下るより八代へ行くようなところ。茅葺きの家があり、土壁にまだりっぱに現役の背負《しょい》い子《こ》もかかっているが、ダムによる過疎化はここにも及んでいた。

五木には、「旦那衆」と呼ばれる権力者が敗戦時に四十八人いたという。この沢からあすこの沢までオレの土地だ、といった大山林地主ばかりである。昔から五木は有数の林業地帯だが、この広い天地のほとんどは、平家の子孫と称する彼らが仕切ってきた。村人の多くも、旦那衆の山林に働く労働者であり、旦那衆の田畑を耕す小作人だった。敗戦と、その後の農地改革は、この地域社会の古い秩序をひっくり返した。年貢を納めていた小作人が自作農となった。

　農地改革だけではない。一九四七年（昭和二十二）、GHQは戦前の支配層の壊滅をはかり、この年に一度きり、強度の累進性をもつ財産税を指示した。大地主は農地・山林を売り、天皇家や華族の資産の九割が無償で没収され、旧資産階級は没落した。熊本県でも、山林地主に財産税をかけ、払えなければ取り上げて公有地にした。

　なにしろ五木は、球磨郡全体が「球磨荘」ないし「球磨御領」と呼ばれていた国衙領《こくがりょう》(2)である。最盛期の平家の圧力で立荘《りっしょう》され、国衙・院・平家による共同所領となった。一一六六〜六七年（任安元〜二）、太宰大弐《だざいだいに》(3)だった平頼盛（一一三一〜一一八六）が自分と身内の増収をはかったものと考えられ、半分国衙、半分荘園という半不輸《はんふゆ》の経営となった。のちに鎌倉幕府は「片寄《かたよせ》」と呼ばれる所領の再分割を行い、平家所領を鎌倉方へ移し、大江広元（一一四八〜一二二五）を荘園領主の代理者である預所《あずかりどころ》とした。広元は、飛ぶ鳥落とす東国勢力のエージェントではあったが、国衙行政システムを握っていたのは滅びたはずの平家人脈である。これと正面から対立したのでは、幕府の支配もおぼつかない。そこで際立ったアンチ鎌倉勢力は亡ぼし、残った平家ゆかりの地元の中ボス・小ボスは御家人化し、鎌倉方として入部した御家人の相良氏を惣地頭《そうじとう》(4)としてそれに従う小地頭職《こじとう》に就けた。

行政能力では平家優勢だった九州独特の体制である。平家追討の那須大八郎宗久と鶴富姫の悲恋伝説で有名な椎葉《しいば》は、五木から川辺川をさかのぼり五家荘、上椎葉ダムへと至る古代からの交通ルートにある。伝説にすぎないが、在地平家の実力を目の当たりにし、さすが源家の公達流《きんだちながれ》も力ずくの殲滅《せんめつ》にためらうさまが想像できて楽しい。

脱線するが、島原半島の有馬氏の存在も、その点おもしろい。鎌倉初期の一二四六年(宝治元)六月、有間(当時。のち有馬)朝澄《ともすみ》がその子深江入道蓮忍に書いた深江浦(現在、長崎県南高来郡深江町)地頭職譲状には、「先祖相伝之所領也」として詳しい領地境界が記してあり、有馬氏が伝統的な開発領主であることを示す。有間朝澄はその文書に自ら「左衛門尉平朝臣」と署名している。時まさに鎌倉時代の幕開け、公的性格をもつ文書にわざわざ平家と名乗るのは、ダテや酔狂ではあるまい。平家だからといって、その出自だけでは咎められなかった時代の証拠である。後になって、自分は藤原純友(5)の末孫だ、などといい換えたのは、鎌倉政権の基盤が固まっていくに従って、予想された軋轢を避けるための方便だったのだろう。

(2) 古代の国郡制度による国府の政庁を国衙といい、国衙領はその所領。
(3) 太宰府の官位で、太宰師の次位・次官級。
(4) 御家人である名主がその所領を安堵されて、小地頭となる。惣地頭はそれを統御。
(5) (?〜九四一)。左大臣藤原冬嗣の玄孫。海賊の首領。

これより時代が下ると、人吉・球磨地方でも相良氏は御家人色をうすめ、人吉荘北方地頭職を得宗《とくそう》・北条氏から奪われたりしながら、平家ゆかりの在地勢力をたばねて近世大名への地歩を築いていく。平家一統としては、小腰《こごし》を屈めているうちに嵐が勝手に轟々と頭上を過ぎていったようなものだ。こうして八〇〇年以上にわたり、九州脊梁《せきりょう》山脈の襞々《ひだひだ》に平家の貴種は保たれた。

平家が、二度目に亡んだのは戦後である。

農地解放、大山林所有の縮小、それ以上に山間の文化変容をもたらしたのは、戦後、日本中に打ち寄せたデモクラシーの高波だ。いまでは想像しがたいけれども、教育委員会あたりから相当強力に古い封建的遺制を壊そうという働きかけがあり、人びともそれに積極的にこたえた。

「みんながやっぱ勉強されたっです。土地所有であれ、意識であれ、みんなの平等化がすすんだっですよ」

旦那衆の小作のせがれだったというBさんの述懐である。当時の村の高揚した気分を思い出してか、Bさんの目は輝いていた。旦那衆の土地が自分の土地になると、それを売ったり、他の土地を買い足したりして事業をはじめる人も出てきた。失敗した人もいるし、その土地をまた買った人もいる。長い間、人びとの暮らしを縫い付けてきた山深い土地が、ふたたび貴種流離・拡散のドラマも織り込んで、山ごと流動しはじめたのだ。

「山を買うた人もいて、いぜんの小作の衆あたりが、いまはたいがい二十町歩ばかりずつ山林をもっとらす」

一本一本の木の顔

そんな山林地主の一人を訪ねた。M地区に住むC（八十二歳・女性）さんとだけしておこう。人吉から嫁にきたのが五十年前。そのころはカマドに羽釜《はがま》、薪で御飯を炊いていたそうだ。屋根は茅葺き、風呂も五右衛門風呂である。町育ちのCさんには、湯の中に浮いている敷きブタを踏み沈めて入る五右衛門風呂が、危なっかしく怖かった。薪は山から、水汲みは川から。どちらも豊富にあったが、運ぶのが大変だった。水は山の湧き水から大きなタンクへ自然に引いてあるから、風呂でも煮炊きや洗濯でも好きなだけ使えばいい。とはいうものの、薪運びや水汲みはつらかった。

「いまはラク。トイレも電気で尻拭うごとなっとりましょ」

電気で尻拭いとは、ウォシュレットのことらしい。旧満州開拓団にいて、夫は敗戦直前、現地召集されて戦死。子どもも三人死なせた。人吉に引き揚げてきて、紹介する人があり、五木で山をもつ人と再婚した。夫は旦那衆と違い、小山をコツコツ買い集めて山林地主になった人。息子二人にめぐまれた。

「それまでは山にも登ったことなかでしょ。なんもかんもかなわず、一所懸命、姑親さんたちの跡について働きました。人と話しとるひま、ぜんぜんなかった。明けても暮れてもお弁当つくって、山に上がって。山ばっかりで、もう山に泊まっとろうかなアというくらい。雨が降ろうと雪が降ろうと、毎日山仕事ばかり。そのころは、まだ田んぼもあまりなかった」

山の仕事はいろいろある。

「木の苗づくり。植え付け。うちはヒノキ林もあるがスギが中心。植え付けのときは苗を密集させとかんと草がいっぱい生えて負けてしまいます。育つに従って木と木の間を広げていく。木の一本一本に滋養分を充分とらせるため。それが間伐。子だくさんはおかずも十分じゃなかでしょ。野菜も間引きせにゃならん、あれと同じです。木と木の間隔をとり、なるべくどの木も日が当たるようにな。現在八十ヘクタールになるうちの山は、五木では少なかほうばってん、人手を買うてやらんば埒《らち》があかん。そのさい、木の気持ちになれるごつ信頼のある人に任せんとだめ。稼ぐため早けりゃよかちう人では、ろくな木は育ちまっせん。だからずーっと昔から頼んどる人がおらす。

下枝落とし、下草刈り、山におればきりなくやることがあって、それこそ一心不乱、何十年も、よその家が休んでもうちは休んだことなし。主人がまた山仕事一点張り、働いて働いて。山を離れる人からも『山を買うてくれんか』と頼まれ、買い足していまの八十ヘクタールになったとです。だから集中して一ヵ所の山になっとらん。長い間に買い足して、あちこちに大小の山がちらばっとります」

「そのときは、山は一番確実、子どものため子孫のため、と考えたでしょ」

そう聞くと、Cさんは突然笑いだしながら答えた。

「それもありますばってん、あたしが、山に、ソノ、情愛のつくわけですたい。主人が木の一本一本の顔が分かる、といいよりましたが、あたしも分かります」

その主人は、八年前に亡くなった。

「この人、もう人の笑いよったっです。『○○さんな、スギの皮ば先ざき食べなっとたい』。ラワン材がどんどん入って国内木材の価格急落、それからこっちも山、山、山の人だったですけん。ところが、主人が倒れて山に出られん体になってからは、あたしがそぎゃんなってしもて。

何年たってお金にする、ちうのでなく、こうしておかにゃ後で子どもたちにも分配がでけんでしょ。主人が亡くなるちょっと前、間伐に一〇〇〇万円ばっかり入れたですたい、そいばってんもう、山がどうなっか……。木材価格が下落したもんで、お金ができんごとなった。若木はドンドン育つ。間伐してやらにゃ樹がかわいそかでしょ。そっでん、間伐どころか生活がでけん。山を売らにゃいかんごつなってきた。

森林組合が『やらせっくれんか』といいなって、いまはいっさい森林組合が管理しとります。組合がうちから歩合を取り、植え付けから間伐、下刈り、伐採、搬送までやってくれ、木が売れたとき配当があります。

嫁に入ってきてからあたしが育てた山もある。もう五十年ですから。いまは所有山林の半分だけ植えとるですたい。雨でも雪でも一心不乱に山で働いて、努力してきたのがみんな水の泡。うちもまだだいぶ手入れせなんとこ、あってすけど、もう馬鹿らしくてねェ。

山につぎ込んでしまい、お金もなんにもない。田んぼだけで食べていかにゃん。畑つくるというても野菜だけ、農協に出すほどもなか。茶畑もあるけど、肥料代とトントン。森林組合からは、山が仕上がって木材が売れる何十年先でないとお金が入ってこない。息子が六十すぎるまでだめだから、養老保険にかたった（加入した）ほうがまーだ確実ですたい。組合としても、価格下落でなかなか木材が出せまっせん。先の見通しがないから、山もちでも植え付けする人が居らんごつなった。スギは、日当たりも水はけもよか場所だと、ふつう樹齢三十五年から四十年で伐採する。その三十何年先の見通しが分からん。みんなそう考えて、山に金を入れなさらぬ。間伐など、山仕事専門の衆たちも、次々山を離れていきなさるちうあんばい。

そってん、スギは育つとですもんね。金がなく、手入れもろくにしてやれなかった若木が、いまは三十年の良い木になっとる。可愛ゆうてたまらん。よその山との境に植えとるサカイギ（境木）まで、いまは大木になっとります。いま手入れしとけばよか山になっとに、と思うばってん、先立つもんがなかでしょ。

家の長男息子には金のことなど全然話されん。息子としては、山はいっさいやめたいもんで。田んぼの仕事はするが、ひまになっても山仕事はぜんぜんやらない。学生のころにゃ、よう下刈りなんかやってくれよったが。あたしたちのごと、世間ばぜんぜん疑わず、山、山、山と、山の根本からやってきた者といまの人とは違う。

山に入れる後継者はおらんでもよか、子どもが山もちで居ってくれれば仕事はほかに頼んでやってよかとです。ところが、子どもがもう山にゃ居りとうなかわけです」

村落流亡

この地区は五木もずっと北の奥、背後は八代郡だし人吉市にも遠いから、サラリーマンになっても通勤はきつい。それに田んぼがある。長男息子は移住したいにも、彼がいないと田んぼもつくれない。にっちもさっちもいかない状況だ。息子二人のうち長男は、農作業のかたわら、小遣い銭稼ぎに月に八日くらいは人吉に働きに行く。次男は、宮崎の会社に就職したそうだ。

「サラリーマンになれる人は幸せ。田んぼと年寄りのあたしに足とられとる兄ちゃんのほうがかわいそか。ばってん、どがんしようもなか。出ていったら、あたし一人、だれが面倒みてくれますか。しかし、それももはや世の中のなりゆき次第。家族がみな元気でありさえすればヨカとです。そう諦めとっと――」

しかし、Cさんの家族がみな元気だったとしても、事態はもうちょっとクラ目に進行しつつあるようだ。この地区はダムの湛水面より高いため、はじめから補償の対象外にある。それどころか、ダムにつける大きな道路ができ、そこへアプローチする農道や通路まで立派になってくると、逆に土地の課税評価額が高くなる。地区の人たちには補償金どころか、税金は上がるわ車公害は押し寄せるわ、ダムと道路がくるばっかりによそ者に気兼ねのない山間の暮らしが、よそ行きの暮らしに変わっていく。

ダム以前にも、集落には大きな変化が訪れてはいた。Cさんの地区とは違うが、村の北の奥、下梶原地区に住む新富近敏さん（五十七歳）に聞いた。どこも似たような山間の暮らしが変わったのは、メシを炊く薪や木炭に代わりプロパンが入ってきて間もなく、新富さんの表現によれば「電気で炊いたご飯を食べなきゃいかんようになった」所得倍増論あたりだそうだ。カマドが電気釜になり、現金収入がなければ生活できなくなると、遠いところでは岐阜や愛知県まで家族揃って出稼ぎに行く人もいた。いぜんは彼も、カマドに薪、自分の飯米は自分の田、自分の野菜は自分の畑でつくっていた。山の木で炭を焼き、八代郡方面に売りに出す。それが仕事だった。

畑は山地の草木をそのまま焼いた焼畑である。ソバの種まきからはじまって、翌年はアワ、次はアズキ、その次はダイズ、後はつくらず荒地のまま五、六年から十年近くおいて草木の生い茂った山にする。それをまた焼くというサイクルを、違った山で幾通りか、それぞれ一年か二年ずらしつつ輪唱のように繰り返す。だから、毎年ほぼ同じ収穫量の雑穀が採れた。戦後十年くらいは集落のどこもそうだった。焼畑は、高度成長期に入ってもしばらく残っていた。

そのころ、新幹線の六甲トンネル掘削《くっさく》工事などに若い人たちが出かけるようになる。新富さんも新幹線工事に大阪へ出稼ぎに行き、その後、六甲トンネル工事などに三年ぐらい働いた。

「まだ両親がいたし、村の若い者で、あのころ出稼ぎに出んのはアホみたいやったです」

一日八時間労働で日給一万二〇〇〇円くらい。生活費を差し引いて一万円残った。村での林道・農道造りで稼ぐ日雇《ひよう》取りの一五〇〇円とはえらい違い。自分が高齢だとか、高齢の親たちに手がかかる家とか、出稼ぎに行けない農家は時代に取り残される感じだった。彼が最初に出掛けたのは二十五、六歳だったが、後また何度も出稼ぎに出て、最後は年取った親に引かれて三年で五木へ戻ってきた。人口が少しずつ都市部へ流出してはいたが、このころはまだそれほど減ったわけではない。戻ってくる家や親がいる以上、五木は人びとの故郷だった。最盛期は四〇〇〇人に近かった村の人口も、それがいまや千数百人と減少したのは、ダム建設にともなう家郷《かきょう》そのものの物理的消滅による。

村長が「観光、観光」と盛んにいいはじめたのは、ここ十数年のことだ。林業に代わる経済活動の柱をつくり、人口減の歯止めにしようとしてのことだろう。だが、人びとの流出は止まらなかった。ダム計画受け入れからこっち、すでにCさんの集落で、それまで三十戸余の家のうち十戸ばかりを残してみんな集落を去った。切手を買ったり、石鹸を買う、新聞を読むといった日常行動に、いちいち車がなくては何もできない生活。ドライバー相手に野菜を売り、自動販売機で天然水を買う生活が、ほかならぬ五木ではじまっている。集落の人びとをつないできた相互扶助の紐帯《ちゅうたい》が、いま確実にちぎれつつある。

5

立ち上がる市民

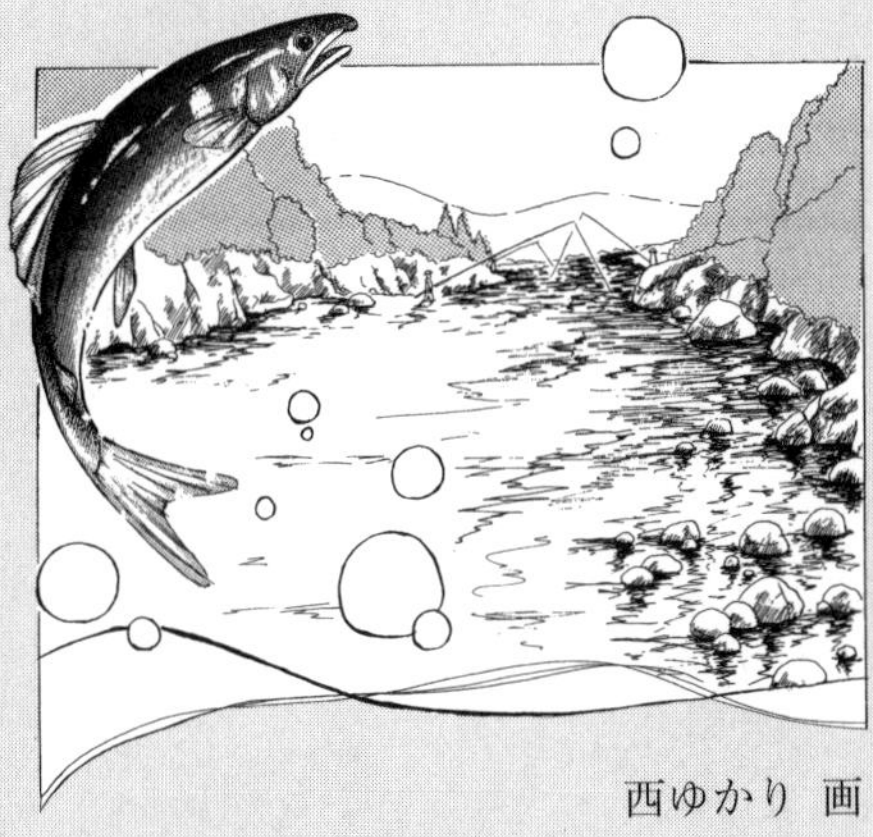

西ゆかり 画

ＳＬ機関士、市議になる

重松隆敏さん。

すでにいくつかのシークエンスに登場願っているが、「清流くま川・川辺川を未来に手渡す流域郡市民の会」（以下、手渡す会）事務局長、川辺川利水訴訟原告団世話人、元人吉市議、元社会党総支部長、現社民党人吉地方執行委員、民生委員と、経歴なら後いくらでも並ぶ。しかし、彼の人柄を表現するには、ペートル会の緒方礼子先生の「ア、あの人はよか人！」という評言につきる。

「治水」「利水」「環境」のそれぞれの入り口に立っていて、問題パートの事情にもっとも詳しい。球磨川、川辺川そのものの地理にも四通八達《しつうはったつ》である。なにしろ、川辺川ダム計画がもち上がってから、かれこれ三十年ずっと走り続けている。市民グループの細かい実務からグループ間の連絡、パンフづくり、ビラまき、学者、文化人、ジャーナリストのサポートと、なんでも精力的にこなす。そのくせ自分からは決して表面に立たず、世話方に徹する。こころ優しき、山ン太郎・川ン太郎のおもむきだ。無知蒙昧《もうまい》な私など、気がつけば重松さんの引いた線をただ走っているだけのことが多い。「地の塩」のようなオルガナイザーだ。

熊本県八女《やめ》郡で竹細工を商売としていた父親が、竹材のマタケが多い球磨郡へ移ったとき、一家でこの地方へやってきた。球磨川水害の常襲地帯である駒井田町で育ったのは、彼がまだ幼いときに父親が亡くなり、叔父の家で養われたからだ。駒井田の父というのは、叔父であるこの養父のことである。

真珠湾攻撃の翌年、小学校から真っすぐ国鉄の採用試験を受けて就職。入って一年経つと、機関助士の試験がある。助士の仕事は、投炭操作といって、要するに機関車の石炭くべ、つまり中野重治の短編『汽車の罐焚き』（小山書店、一九四〇年）の世界である。それを二年半やって、機関士の受験資格ができた。男であればだれでも二十歳で徴兵検査を受け、職場の先輩たちもつぎつぎと兵隊にとられていくから機関士に上がるのも早い。蒋介石(1)が抗日戦争をやってくれたおかげで早く昇進するという意味から「蒋介石機関士」と揶揄《やゆ》されていたが、彼もその一人になった。合格して辞令をもらったのが、ちょうど広島への原爆投下の日だった。敗戦直後に阿蘇郡の宮地機関区へしばらく配属されたが、そ

重松隆敏さん。自宅で（井上）

（1）（一八八七〜一九四五）。中国の軍人、政治家。国民政府・国防最高委員会主席として、対日戦争を主導。第二次大戦後、共産党との間に内戦が勃発し、台湾に逃れた。台湾で中華民国総統。

れ以外はずっと人吉機関区勤務である。

さて、敗戦。それまでの職場はまるで軍隊の階級制度そのままが生きていたが、国鉄の経営主体である大日本帝国が負け、民主主義の世の中になった。

「これで制度がいろいろ変わる。私は小学校卒なので、こら勉強せにゃならんばい、というこっで人吉高校にでけたばっかりの定時制に入りました」

民主主義とはどういうことなのか、憲法とはなにか。デモクラシーは、最初、アメリカ進駐軍の配給品だったが、これを新しい時代の指標として、自分の生活感覚にすすんで取り込んでいった日本人は大勢いた。

「結局、職場で組合運動にはまらんばならんごと追いこまれたつですな」

高校の担任は社会科の先生だった。民主主義について質問すると、民主主義や社会主義について熱心に話をしてくれた。そのへんの感化がだいぶあったのだろう。働きながら学ぶ定時制高校には、全日制に比べてこのようなタイプの先生が多かった。国鉄十万人首切りとか、レッドパージ[2]、行政整理といろいろあって、国鉄の戦後は職場活動が盛んだった。

「結婚は、いつでした」

重松さんのお宅に行ったときに聞いてみた。彼は、ちょうどお茶を運んできた妻のみよ子さんに振り返っていう。

「おい、いつ結婚したとやったかな」

「教えん」

夫婦で大テレだったが、忘れているわけがなかった。一九五五年（昭和三十）師走九日。青井神社社務所での会費制結婚式だった。

「ショウチュウば持ってけ」と彼が命じ、みよ子さんはわれわれのテーブルに球磨焼酎『繊月《せんげつ》』を一升瓶ごと運んできた。こういう道具立てがなければ、自分のことなど決して話してくれない人らしい。

みよ子さんは、同じ定時制高校での七つ年下の同級生である。新制中学を出て、いまのＮＴＴの前身である電信電話公社の電話交換手をしていた。当時の女性の、花形職場である。自動交換機のなかった時代だから、交換手はかなりいて、組合活動も活発だった。電話交換手と機関士という花形同士、結婚式には双方の職場の仲間がどっとやってきたが、式は神社の社務所を借りたぐらいだから華々しいものではない。参式者一〇〇人がそれぞれ二〇〇円か三〇〇円の会費を出し、式が終わってみればいくらか儲けていた。

「新婚旅行なっと行ってみればよかったね」

みよ子さんからは、ずーっとそういわれ続けている。新婚旅行どころか、記念写真も重松さんの兄が撮ってくれたものを、自分で現像・引き伸ばして台紙に貼り、親戚一統に配って歩いた。

（2）占領軍政府による共産党員の公職追放のこと。

戦後十年たっていたが、地域の婦人会などを中心に虚飾・虚礼を排した新生活運動が盛んだったころである。結婚後は、労組熊本地本人吉機関区分会青年部長から組合の上部役員へと、どんどんエラくなった。

「寝ても起きても職場闘争ばっかし。まあ、私に青春はなかった、ちいう気がすっですなあ」

しかし、当時の労働運動には、まだしも青い空が見えていた。貧しかったが、頑張ればなんとかなるといった時代の気分と同時に、職場闘争だって頑張りぬけば世の中は変わる、そう思いこんでいた。一九六〇年の日米安保反対闘争の労使対決版といえる三池炭鉱の大量解雇反対闘争にも、労組のオルグとして積極的に参加した。

「そのため、国鉄当局から処分受けても、勲章もろたごたる気分でね、張り切っとるもん」と、みよ子さんは笑う。

職場に在籍のまま、社会党候補として人吉市議選に出て、当選。一九七一年（昭和四十六）から四期十六年にわたって市議を務める。四期目に立つにあたって問題が出てきた。労組の上部全国組織だった総評の方針で、権力の座（市議）に三期いたら交替し、野に下って一労働者に戻ると決められている。重松さんの場合、三期が終わるころ、国鉄民営化にともない機関士の職籍のまま市議を兼ねることができなくなった。職場を辞めて市議に出るか、職場に帰るかを選ばねばならない。そのうえ、もし出ても四期目の途中で五十五歳の停年期を迎える。停年で辞めたら何をするか。

ＳＬ機関士の職能としての資格は、ボイラー免許一級である。仲間には、この資格を生かして焼酎会社のボイラーマンに再就職する人が多かった。鹿児島との県境にあるこの地域では、球磨焼酎と薩摩焼酎の名産地が隣接していた。

「好きなとこ入って、飲みたか放題やったほうがよかったかもしれまっせんな」

と、おっしゃるが、これも大テレの表現である。彼は、初当選以来、市議会のダム特別委員を務めていた。

股割き十六年

三年連続の大水害の翌年、球磨川は一級河川に指定され、工事実施基本計画策定、川辺川ダム建設を組みこむと同時に、両岸に延々と堤防を築き、直線化する河道改修工事がはじまっていた。重松さんが市議になった年の八月にも、総雨量一〇〇〇ミリの雨が降り、またも球磨川は氾濫し、死者六名、家屋損壊・流失二〇九戸、床下浸水一三三二戸の被害を出している。三年連続の水の恐怖が消えないうちの追い打ちだったから、被害が集中した人吉市の市民たちは、当然、川辺川ダムへの強い懸念をもった。ただでさえ、市房ダムが急激増水の引き金を引いたと見られている。このうえ、その三倍もの水塊が落ちてきたらいったいどうなることか。

国鉄人吉機関区の職場から市議会へ出たとたん、ダムの問題が出た。ダムによって下流域にどういう影響が出るのか調査しようということになり、市議会にダム対策調査特別委員会がつくられた。もともと、水害常襲地帯に育った重松さんである。

「天の配剤というか、使命感もあってそこへ入ったつです」

かれこれ三十年におよぶダム問題とのかかわりは、ここに発していた。兼職や停年とか、おのれ一個の問題ではない。議員の三期、四期は正念場、ダム反対を貫くにはここで辞める手はなかったのだ。

市議一期目、ダム反対の気運はたしかに市民の間にみなぎっていたが、それでも声に出していうまでにはかなりの距離があった。一年間続いた促進派による不買運動の効果もたしかにある。たとえ反対派でも、連中の標的にされてはかなわんから表面に立って反対できない。孤立しながら反対を続ける五木村の人たちから見れば、何とも煮えきらないものに映ったろう。二期目、三期目となり、反対の声が少しずつ沈潜《ちんせん》していくのと反比例して、促進派が勢いをつけてきた。三期目と四期目との間、状況はさらにいっそう変化し、それは重松さんの政治的立場にも微妙な影を落した。

もともと彼は、社会党・総評系労組を基盤とした議員である。国鉄人吉機関区から社会党の推薦を受け、社会党の地域総支部長として市議活動にあたっていた。当然、議会ダム対策特別委員会でも、その立場で臨んだはずだった。ところが……。

「ダム問題では、労組はわれわれの障害となっとります」

これからの話は、重松さんが市議を辞め、人びとのダム反対の声が沈潜し、五年後、ふたたび大きな波となって盛り上がってきたときの話だ。以後、ダム反対運動はとぎれることなく、全国的な共感と支援を集めていくのだが、絶望しかけていた人びとを劇的に奮い立たせたエポックは、一九八九年（平成元）秋、日刊「人吉新聞」に三日間連載された池井良暢（四十二ページ参照）さんの投稿記事と、その二年後、「毎日新聞」熊本版にほぼ一年間連載された同紙人吉支局の福岡賢正記者の連載リポート「再考川辺川ダム」である。

重松さんたちは記事をパンフレットにまとめ、自分たち市民グループの学習資料にした。それらといっしょに、社会党や労働組合にもっと積極的にダム反対してくれるよう、呼びかけの文書も送りつけた。

「どうしても動ききらんとですよ。その大きな要因は全農林です。川辺川の利水事業とは直接かかわるところの役所の労働組合でしょ。利水事業のことで、職員が私のところにもバーっと来ました。ダム反対は困る、ちいうわけですたい。全農林の若い活動家が、川辺川利水事業の職員ですもん。騒動がはじまったらもう、みんなテレンパランになってしもうて。そこの労組が促進派の中心部分です。私も労組の上部に何度も働きかけてみましたが、どうしても動けんちいいますもん。動けんどころじゃなか、正真正銘のダム建設促進派ばかりおって、圧倒的につよかとです」

ナシの礫

利水事業にかかわる「騒動」とは、建設省が造る川辺川ダムから、農業用水を引く農水省の国営川辺川総合土地改良事業をめぐり、梅山究さんら受益農家約八六〇人が事実上の事業取り消しを求めている行政訴訟のこと。「いんとろ」でも書いたけれども、農水省が七十六人もの死者から事業同意を得たとする『死せる魂』川辺版。これぞ「利水」の中心問題である。つまり、ここの組合は、余計な自家負担までして要りもしない導水工事などしてくれるな、と求める農家の側ではなく、どういう方法でか死者のハンコと署名による「同意」書まで掻き集めて、農家を抑えつけようとする当局側に立っていたのだ。

戦後、この地域には開拓土地改良事業や各種改良事業、農業構造改善事業などが反復しつつ何度も施工されてきている。そこの土地改良区に、各自治体から派遣されてつくられた土地改良組合もある。相良村にある高原揚水場もその一つだが、自然に流れ下ってきた川辺川の水を高原地区へポンプアップしている施設だ。はじめは三十七町歩の利水をまかなってあまりある能力だったのが、それから三十二年もたつと灌漑面積も減反により十町歩くらいに減った。おまけに、水をあまり必要としない茶畑とか飼料への作物転換がすすみ、当初の設定通り維持されてきた揚水能力にすれば、水の需要に比べて供給量は余裕しゃくしゃくとなった。

「この施設が老朽化した」というのが、これを廃止し、川辺川ダムによる利水に無理やり依拠せしめようとする農水省の説明だ。しかし、これまたゴーゴリ的ナンセンスというか、ポンプのモーターは去年さらに強力な新品と取り替えたばかりなのである。私も現地に行って見てきたが、このルーキー、「老朽化した」といわれたせいか怒りのあまり身を震わせて唸っていた。

この施設を運営している改良組合の職員は、自治労に属している。現場にいれば、だれが見たってこの施設が使用に耐えないくらい老朽化したなんてことはウソだと分かる。しかし、なまじ自分たちの属する労働組合が、表面きってダム反対を打ちだせない以上、ウソをウソともいいにくそうだ。どうもここいら、労働組合がまるでお役所的・日本的でかわいげがない。

「こんな次第で、組織は全然ダメ。重松さんが個人的な立場でやられることは、これはやむを得ん、と。組織の中の活動も個人的にはやってよい、と。しかし、労組が全面的に応援することはできん、ちいわすとです」

「勤労者協議会をつくって、それが地域活動としてダム反対やることについてはわれわれは何もいわない、と。こういうことだもんだから、私も勤労者協議会の幹事にもなって、県内に呼びかけ、九州の勤労協、全日本の勤労協に呼びかけるわけ。それで川辺川の現地調査をやるときは、全国や熊本からワーっと来てくれらすわけです。組織は何べんいうても来てくれん」

肝心の社会党は、村山内閣のとき自民党に骨のズイまで食われてしまった。「社民党」と、看板を塗り替えても骨がないことに変わりはない。党や組合組織よりも、いまでは菅直人のほうがよっぽど協力的だ。民主党や共産党は、現地での調査報告会とか集会によくきてくれる。

重松さんは社会党員時代、同党機関紙「社会新報」の地域総分局長をやり、購読部数を増やしたり専従体制をつくってたびたび表彰され、全国大会で懐中時計などもらったりした模範党員である。その彼が、組合単位でなく市民レヴェルで何かやろうと呼びかけるのだが、組織を外せば声は全然通っていかない。

「残念でならんけど、そげん党でした」

彼はいま、社会党から看板を塗り替えた社民党の地区執行委員だが、リアクションが弱い実情はいっこうに変わらない。それは、ダム反対が政党主導でなく、自覚的市民中心の運動となったからだし、それはそれでけっこうなことだ。だが、社民党や労組はそんな時代の変化にズレてしまった。いまの市議会にも「同志」はいるけれども、基盤となる組織の股割きで、動きたくても動けないでいる。

ただ、一九九八年九月の市議会では、さすがに彼らの真骨頂を見せてくれた。堀尾芳人（三十七ページ参照）さんら市民グループの「球磨川大水害体験者の会」が、ダム建設異議申し立てについて話し合いたいという要望書を市議会に出し、これと促進派の出した促進陳情とが相打ちとなった。そのため、ずっと審議中だったのを、九月の市議会になって促進派の議長から前者不採択・後者採択の議長提案が出された。社民党市議たちは奮起し、反発した。提案元のダム対策特別委員長を質問攻めにし、

「ダム対策特別委員はいままで何をしとったのか」

「何もしとらん」

「何もしとらん委員長の提案は認められん」

と責めまくって、市民グループのダム建設見直し陳情の再度審議へひっくり返したのである。

そういう頑張りもあるが、だいたい社民党自身、支持基盤である労組からの股割きでにっちもさっちもいかないようだ。先述した（五十六ページよりの「水嵩が急に上がった」を参照）一九九八年の、民主、社民、共産など超党派の国会議員らによる「公共事業チェック機構を実現する議員の会（大石武一会長・当時）」の仲立ちで行われた国と川辺川ダム反対市民団体との話し合いのさいも、今度こうこうしてヒアリングを開いてもらう、建設省の考え方と私たちの考え方とこんなに開きがある、だからそれを科学的に調査してもらうため先生方にお願いしたい、そのためにはどうしてもお金がいるから、気持ちだけでいいから浄財《じょうざい》を、とあちこち回って募金を募った。これで一〇〇〇円、五〇〇〇円、と全部で十五万円ばかり集まった。もちろん足りないが、貴重な費用である。

「その人たちこそまずもって反対の中核になっていただかにゃ、と資料はつくった。これも、もちろん社民党に送っとりますが……」

しかし、社民党からは金も言葉もこなかった。「ナシの礫」である。

くまがわ共和国大統領

話を、五木村が水没による補償交渉に転じ、ダム反対の声が沈滞しきったころの時点に戻す。

地元の日刊「人吉新聞」に三日連載の投稿が載った（一九八九年十月二十四日〜二十六日）。〈川辺川ダム計画の再検討を望む——凍結・中止の要なきや〉とある。市長も市議会も、いまやダム建設促進派となった中で、これだけ真っ向から切り込んだ反対意見もめずらしい。論者は池井良暢さん。七十歳、くまがわ共和国大統領、元小学校校長、と筆者紹介にある。

「くまがわ共和国」とは、市民グループの名前だ。それより三年くらい前、国鉄が民営化されるにあたり、人吉から球磨川沿いに市房ダム近くの湯前町までの湯前線が廃線になろうとした。高校生ら四〇〇〇人が利用している通学列車の廃止に反対してできた市民グループである。池井さんは、教育者として黙って見ているわけにいかなかった。一方、SLの機関士だった重松さんも、職場のリストラにつながる廃線に反対の立場である。期せずして、池井さんと重松さんの接点がそこにあった。くまがわ共和国は、会報購読者も一〇〇〇名いる組織だったが、湯前線が第三セクターによる「くまがわ鉄道」として残り、成果を上げたことで、共和国解体の空気も生まれていた。

「いや、待てよ。ダムのこつが残っとる」

そう、「大統領」は考えたそうだ。そのころ五木村のほうは、孤立無援のまま立ち退き補償にハンコを押していた。下流の反対派だって、「建設省のやらすこっだからションナカ」という気分が支配的である。目立った反対運動はなかった。そこへ、三日連載の反対意見である。政治的無関心のヘドロのド真ん中に、ポッカリ蓮の花が咲いたようなものだ。「人吉新聞」は発行部数十万部程度の小さな地方紙だが、投稿への反響は大きかった。だれもがついついあきらめかけ、言葉に出なかった思いにどっと火がついた。投稿に大きく紙面を割いた新聞人にも、地域に生きる心意気が感じられる。

共鳴する声が圧倒的に多かったが、この記事を見て、五木から補償交渉団の事務局長だった人も池井さんを訪ねてきたという。「もうちょっと早よう、十年前にいうてくれればよかったバッテン」といわれて、池井さんも顔が上げられなかったそうだ。五木の孤立に知らぬぷりしていて、いまさらなんだ、という人びとの感情も言外ににじむ。補償金を受け取り、移住先の家を建てた人もいる。すでに解けはじめた村を、どうしてくれる……。

建設省のリアクションも敏速だった。新聞連載の直後、川辺川工事事務所の副所長と課長とが、山のようなデータをもって池井さんの自宅を訪ねてきた。池井さんのシロウト的「誤り」を、お役所の修辞法にくるんでやんわり非難された。

池井さんには、このころまだダム反対運動をやろうという気持ちはなかったそうだが、この訪問を受けて逆に奮起した。積極的に共鳴する人も現れた。その二年後に市民組織「清流くま川・

人吉市の球磨川べりにある
「清流くま川・川辺川を未来に手渡す流域郡市民の会」事務所。（著者）

川辺川を未来に手渡す流域郡市民の会」となっていく流れが、このときつくられていく。「人吉新聞」での問題提起は、重松さんの表現によれば「新しい市民運動のノロシ」となった。

事実、この池井発言は、十年たったいま読み直してみても時代状況の変化にかなっている。池井さんが再検討の理由の第一に挙げたのは、計画策定時から時代は急テンポに移っており、とりわけ農業規模が縮小したいま、利水計画は時代遅れであり、農家に自己負担までおっかぶせて行う意味がない、という点である。治水計画の疑問、「工事はまだ走りだしていないから止めるならいまだ」という提案。そのほか、五木の山河が水没することと区画整理による球磨川以北の原野の生態系破壊など、現在、ダム中止を求める人びととの基本となる論点はすべてそろっていた。これまで人吉市議会や堀尾芳人さんたちが、観光産業の立場から神瀬ダムに反対し球磨川下りを守った成果に立ち、これをさらに「環境」の視点から捉え直したのが池井さんの功績である。

球磨郡多良木町の、池井さんのお宅を訪ねる。現在、彼は二年越しの慢性の病気を養いながら、八十一歳のいまも「手渡す会」の会長をしている。川辺川ダム予定地の二キロメートルばかり下流の生まれ、土地の生え抜きだ。

「川の思い出がいっぱいありましてねェ」

いきなりそんな話からはじまった。

水は冷たくて、水量もいまの三倍くらいあった。小学校に入ってから、近所にガキ大将や上の子がいて、小さい子を川へ連れていく。子どもは、流れの早い川幅いっぱいを一気には泳ぎ切れない。あすこの岩を訪ねて休憩し、また岩をつかまえてというふうに、とびとびの岩を目標に休み休み泳ぐ。ウグイはいまもいるが、魚影は昔のほうがはるかに濃かった。そのころは、まだカワウソがいた。アユなどは、色も香りもいまと全然違う。昔のアユは七色に輝く感じ、いまのは背中がオリーブ色に黒ずんでいる。

「ここらもコンクリ堤防が出てくる前は、田ン中がこうあって、川端竹藪があって、そしてすぐ川原でした」

家からの球磨川盆地の眺望に目をやりながら、池井さんはいう。

「山と川と、もうこれ以上あつかって（いじって）もらいたくナカ。それだけのこつですけど」

十万枚の署名用紙

池井発言から二年後、福岡賢正記者による「毎日新聞」連載リポート「再考川辺川ダム」の開始は、さらなる画期《かっき》となった。福岡さんは、福岡から人吉に赴任してきた人だ。それまで筑後川や博多・那珂川を眺めて暮らしていたときは、川が濁りきっているのはふつうだと思っていた。はじめて川辺川を見て、その美しさが衝撃的だったという。学生時代、琵琶湖でカヌーを漕いでいた彼は、やがてこの川でもカヌーを買いこみ、川で遊びはじめる。ダム計画への疑問は、このカヌー仲間が漏らした言葉から始まる。ダムができたら川は濁って死んでしまう。

「だから、この川も数年の命」

そこで新聞記者たる彼は、ダム基本計画に対し当然行われたはずの環境アセスメントの結果を聞こうと、建設省川辺川事務所へ赴いた。そして、「アセスは行っておらず、今後も行う予定はない」という返事に驚く。ダムの基本計画策定が、建設省により環境アセスをやりはじめた時点より七、八年前だった、というあっけらかんとした理由である。ここから、彼独自の調査がはじまっていく。

「知らしむべからず拠らしむべし」

お役所仕事に共通する精神だが、福岡さんは事実を一つ一つ洗いだし、実証できるものだけを

再考　川辺川ダム

第一部　消える清流　●●1

実施免れ、計画進む

25年が過ぎ　時代も変化

環境アセスメント

川辺川は美しい川だ。美しさは川に沿って走る車の窓から眺めるだけでわかる。エメラルドグリーンの澄んだ水が、時に速く、時にゆったりと脈打つように流れている。

世界各地の川を下ったカヌーイストの野田知佑は、作家の椎名誠らとともにこの川で遊んだ時の感想をこう記している。

「川辺川の水はここ数年ぼくが見た川では最良、最もきれいであった。山からの湧き水が多く人家が少ないから川の水は澄みに澄み、深いところはエメラルドグリーンである」

学生時代にカヌーを始めた私は、昨年十月に人吉に赴任すると、川下り用のカヌーを買い込み、川辺川で遊び始めた。そして何度か川を下るうちに知り合ったカヌー仲間たちが、異口同音にこう言うのを聞いた。

「この川も数年の命」

相良村四浦の峡谷に建設される川辺川ダムが、広大な自然林とともに川辺川の上流部をのみ込み、下流の水も濁らせてしまうと言うのだ。

果たしてダムは、川そのものや周囲の自然環境にどの程度の影響を与えるのだろうか。

素朴な疑問を抱いた私は環境アセスメントの結果を聞くため、建設省川辺川工事事務所を訪ねた。すると「アセスは行っておらず、今後も行う予定はない」という意外な答えが返ってきた。

建設省の実施要綱によると、湛（たん）水面積（ダム湖の面積）が二〇〇㌶以上のダムを一級河川に造る場合、それが環境に及ぼす影響を調査して住民に公表し、意見を聞くことになっている。川辺川ダムの湛水面積は三九一㌶と、基準の二倍近くあり、文句なしに対象となる。なのになぜ？

同省によると、ダムの環境アセスは特定多目的ダム法に基づく基本計画作成時に行うのが原則。そして建設省が環境アセスをやり始めたのは一九七八年から。そのため、それ以前に告示された基本計画に基づく事業については、たとえ本体に着工する前でも経過措置として環境アセスを行わなくてよいことになっているという。

川辺川ダムの基本計画告示は七六年だから、まさにこの経過措置によって環境アセスを免れたことになる。

ダムが環境にどんな影響を与えるのかという基本事項さえも流域住民に知らせることなく、計画は進められているのだった。

◇　◇　◇

球磨川最大の支流、川辺川。この川に国が巨大なダムの計画を発表して二十五年が過ぎた。ところが今もって、ダム建設に伴う道路の付け替え工事が行われているに過ぎず、本体着工は早くて四年後という。この間に時代は大きく変わった。農村は過疎化にあえぎ、次々に耕地が消えている。その一方で自然環境の重要性が地球規模で叫ばれ始めた。果たして総貯水容量一億三千三百万㌧のダムは、時代の要請に応えられるのだろうか。計画発表から四半世紀の節目に、立ち止まって考えてみたい。手始めに、現在の川辺川がどんな川で、それがダムによってどう変わるのか、実際に川に入っての体験と資料を基に検証する。

（福岡　賢正記者）

川下りの途中、相良村境田の滝の前で憩うカヌーイストたち。口々に川辺川の清らかさをたたえる

川辺川　泉村の九州山地に端を発し、支流を集めながら五木村、相良村と流下して相良村柳瀬で球磨川に注ぐ球磨川水系最大の支流。流路延長六十一㌔、流域面積五三三平方㌔は、合流前の球磨川本川の四十九㌔、四八五平方㌔をいずれも上回る。流量も本川より低水時で約四割多く、実質上の本流である。

福岡賢正記者の連載リポートを掲載した1991年8月20日付「毎日新聞」

土台として積み上げる方法をとった。まずは、川辺川の現状の水質分析と水量。付着藻類、川虫、トンボ、鳥、アユなどの魚、つまり川を彩る生きものたちのフィールド・ノート。瀬と渕、川原、そして、市房ダム造成以後に汚れきった本流上流と川辺川の水質対比。

もともと川辺川にダムを造る計画は、電源開発によってはじまった。コストの安い火力発電が、経費のかかる水力発電をためらわせ、電源開発は撤退する。その後、県が高原台地の水田造成をはかる総合開発計画の中に利水プランとしてダム造り案を温め続け、三年連続水害で球磨川が一級河川となり、建設省はこれに治水目的を付け替えて計画を策定し、二年後、「利水」「発電目的」を付け足した。そして現在、流量が減って球磨川下りができなくなるという懸念や、アユに影響する汚濁の指摘に対する「流量調節」をもう一つの目的として追加した。つまり、何のためにダムを造るかという目的そのものが、猫の目のようにクルクル変わっているわけだ。目的なんざどうでもいい、それは世論誘導の口実にすぎず、なにがなんでもダムだけは造ろうという姿勢が浮かび上がってくる。

福岡さんはさらに、この多目的ダムの目的それぞれを徹底的に調べた。水没する発電所の総発電量のほうが、新しく造ろうとする発電所より多いという事実。現実にありうる状況によって流量調節不能が起きること。そもそも洪水時の調節計画が、仮定に仮定を重ねた机上の空論にすぎないこと。工事のずさんさ。小ぎれいな分庁舎が、実は水利事業所職員の宴会用に建てられたものであり、それらをふくむ事業費の十五パーセントは、ツケが農家に回されていること。

透明な論理と、具体的な指摘。なるほど国家役人というヤツは、都合の悪いことは隠すし、平気でウソもつくんだなと分かる。この連載記事は、球磨川べりに生きる人びとの中にいつか眠りこんでいたなにかを、激しく揺すぶり起こした。

工事事務所は、このときも福岡記者との話し合いを求めてきたそうだ。彼はこれに応じ、たった一人で出向いている。さぞかし見物《みもの》だったろう。威圧的な官製データの山が目に浮かぶ。若い新聞記者はしかし、それらを鉛筆一本で突き崩してしまったわけだ。

連載でいちばん印象的なのは、池井さんのもつ「環境」の視点の共有と、それを生き生きした川との一体感とともに展開していること。しんから川が好きなのだ。

連載が回を追うごとに、市民のボルテージも高まっていく。ある日、市役所に勤務する新村力という若い人が池井さんを訪ねてきた。

「今度市役所を辞め、市長選挙に立候補します。あなたの意見に賛成だから、いっしょにダム反対運動をやりましょう」

選挙はともかく、ダム反対のためグループをつくることで一致した。そこで池井さんらは、「くまがわ共和国」の仲間たちなどに呼びかけ、たちまち十人ほど集まった。さて、その会長を誰にするか……。

池井さんは、国内外の川をカヌーで旅しているエッセイストの野田知佑さんに、毎週福岡記者の連載が掲載されるたび、その切り抜きを送り続けていた。池井さんにとってはまったく未知の人だったが、福岡さんが紹介してくれたのだという。川辺川ダムを地域的な問題に終わらせず、全国的な環境保護の盛り上がりにもっていくためには、このさい知名度の高い野田さんにぜひ会長を引き受けてもらってはどうか。

「そう相談したら、野田さんは鹿児島の事務所からわざわざ駆けつけてこられましてね、球磨村の山ン中の誰かの別荘で、一晩、十人ばかり寄って本格的に会の体制をつくり、会長になってもらいました」

「手渡す会」のスタートである。一九九一年（平成三）、残暑厳しい九月十三日だった。

野田会長は大正解だった。彼は世界の川を旅するカヌーイストとして、各地からの講演依頼が引きも切らない。「手渡す会」は、川辺川ダム建設の凍結と環境アセスメントの実施を求め、署名活動を行った。十万枚つくった署名用紙を、野田さんは講演のさい全国に持ち歩き、支持者を広げて配ってくれた。

やがて署名欄を満たした山のような用紙が、事務局長の池井さんが悲鳴を上げるほど全国から返ってきた。カンパを集めて送ってくれた人もいる。こうして、川辺川ダムはようやく全国的な関心を呼ぶようになり、いったん沈静していた地元の反対運動が息を吹き返し、本流へと集まってきた。各地の環境問題に取り組んでいる人たちもやってきた。そして、異口同音に川辺川の美しさに感嘆する。

「でも、ここに住んどる人は、あんまり恵まれすぎてそれがピンとこないんです」

池井家では、何度もおかわりしてお茶をいただいた。市房山系からの伏流水と、相良茶の一番摘みで点《た》てたお茶である。宇治茶など市場に出すものの多くは、茶葉を細長く見た目も繊細で美しく仕上げるが、それをこちらでは「ノビ茶」という。ふつう九州の地元農家では、香りを包むよう丸めの茶葉にした「グリ茶」が日常的で好まれている。普段着の茶だが、名産相良のグリ茶である。まさに馥郁《ふくいく》たる香気が立った。それをいうと池井さんは、一瞬、ポカンとした表情になった。

「そぎゃんありますか。ははん、私ら慣れすぎとってピンとこんですな」

われわれは笑いこけた。

6

よみがえる魂

西ゆかり　画

こっちの水は甘い

　全国の環境団体からエールがくるようになり、現地見学の人たちもやってきた。人吉・球磨地方だけでなく、熊本県内からいろんな反響がくる。世話方の重松さんは、にわかに忙しくなった。そんなある日、自宅へ「ウメヤマ」と名のる人から電話がかかってきた。

「あんたどま、ダム反対ば、そぎゃん打ち上げたばってん、側から見とれば犬の遠吠えんごたるばい」

　まったく未知の相手が、いきなり水をぶっかけてきた。だが、こんな場面でもキレたりメゲたりしないところが重松さんの人柄だ。「あらア、梅山さんて相良の人ばいな」と直感した。言葉に、球磨川をはさんで北部の川辺川沿いのひびきがあった。長いこと「治水」一本できた重松さんにとって、相良村とは球磨郡全体のダム促進派の中心、にっくき旗振り役の村長を頂く行政にすぎない。黙っていると、相手はたたみかけてきた。

「百姓のこた、どげん思うとっとなア」

「ほんとにねェ、おどんな百姓したことまったくなかとやもん」

　重松さんは、素直にそう思った。農家の実情や、農水省が行おうとしている利水事業のことなど、具体的にはなにも知らなかったからだ。

「いっぺん、うちに遊びに来《き》なィ」

「いまからすぐ行きます」

「いや、バタバタせんちゃ盆どんすぎてからゆっくり来なィ」

つっけんどんな物言いながら、不思議に好意のこもるしゃべり方をする人だ。ここいらの経緯は、後で重松さんといっしょに梅山さんを訪ねたときにも聞いてみた。彼は、こんなたとえ話をしてくれた。

「いささか自慢話だが、私は日本刀鑑賞をかなりやった。日本刀はすばらしいですよ。ところが、日本刀だけでなくああした美術品を見る場合、まずその品物に惚れてしまえば厄介だ。天下の名刀、ああこれぞ正真正銘の正宗、と思って見てしまう。正真正銘かどうかは、その特徴を見れば分かるわけ。展覧会とか鑑定会ならそういう見方ですむ。しかし、これを買おうとしたら、その欠点のあるなしを見なければならん。証明書とものとが違う、この刃紋違うんじゃないかとか、キズとか。ただ、本物かどうかだけではすまん。

あのときのダム反対の旗印には、『利水』問題が欠けていた。それに自分が気づいていなかったら、あなたにあんな話はしていなかったろう。キズに気づいとらんで重松つぁん、どがんすっとな、というたわけ。刀の話でいうと、これ（手渡す会そのもの）は買おう、と思うとった」

梅山さんから電話をもらった重松さんは、日を改めて仲間と二人で出掛けていった。相良村柳瀬の、これがいうところの「利水」のオヤダマ氏だった。二人の来訪にそなえ、すでに「利水」

のポイントや経過などが、びっしりメモにしてあった。

「〈水が欲しいのは誰か〉。オレが読むから黙って聞いとってみなィ」

川辺川ダム計画は建設省でやる事業だが、ダムにともなう利水などの国営川辺川総合土地改良事業は農水省の管轄である。これも一九六八年（昭和四十三）に立ち上がった計画を十五年後の一九八三年からはじめ、その事業期間終了にあたる一九九四年に現在の規模に縮小したもの。だからその間、とりわけ日本農業の状況変化は並みじゃなかった。その中でも、川辺川沿いの中山間地農業は、いまや「安楽死」を迎えつつある。百姓があまりに減りすぎた。しかし、この時点でも農水省は、初めの計画より少々手直しして、事業だけはしゃにむに続けたいらしい。手続き上、「計画縮小変更にともなう農家の同意を得たい」と農水省からいってきた。

もともとこの事業は、土地改良法に基づき、それによって利益を受ける農家から役所が頼まれた申請事業という形をとる。だから、お願いします、事業を申請します、という同意を農家からとりつける。だが、それがただのタテマエにすぎず、実際は農家不在の押しつけにすぎない例は全国にいくらでもあるし、またそのほとんどがそうだ。

当初、高原台地に水田耕作用の水を引いてくれようという農水省が、まるで衝突的な減反政策でコメ作農家をせめぬくことになるなんて、農家のほうは想像もできなかった。一九六〇年代に取り組まれた球磨川南部の農業構造改善事業は、たしかに成果を上げた。これにたいし、北部すなわち川辺川ぞいの農業開発は遅れている。だから、国営川辺川総合土地改良事業の最初の段階では、申請の同意書にもすべての農家が「受益者」としてハンコをついたのだ。

「それを少々手直しした、ついては計画変更に同意のハンコが欲しい、これによる受益者つまり農家の負担は一アール当たり年償還額はタッタの一万三〇〇〇円、タダ同然ですよ」と、役所がいってきた。

だが、うまくいったはずの南部でも、このころすでに農家は先細りの不安から後継者難が語られつつあった。南部に追いつけ・追い越せの北部農業開発も、行く手の闇がいまやはっきり見えてきた。にもかかわらず、役所は土地改良事業をしゃにむにやろうとする。総事業費は、ダム本体工事をふくむ建設省関連事業分と別ルートの、農水省から引いてくる三四〇億円（当初）。

「な、川辺川の水はアユのためだけあるとじゃなか。オイシイ水ば飲むとはだれな」

農家のみなさん、あなたの印鑑は誰のためにつくのか、いま一度考えてみてほしい、とメモは続く。

知多半島にダムを造ってはるばる引いてきた愛知用水、天竜川水系の豊川用水、ともに目的は農業用利水だったが、農業の地盤沈下で工業用水にされている。川辺川では、川辺川ダムを水源に、総延長六十五キロメートルの水路を造る計画だ。そのさい、農水省の補助金率が有利な国営事業として行うには受益農地の規模が決められており、それ以下だと補助の対象にはならない。その条件を満たすため、七ヵ町村三五九〇ヘクタール（当初）が、岩山だろうと痩地だろうと、私有公有を問わず受益農地とされた。その後発足した農業振興地域整備計画でも、これがまるまる「農用地」とされた。おかげで、もし百姓ができなくなっても簡単に土地を売ってよそへ移ることさえできなくなった。農業振興法に決められた農用地除外の手続きが厄介すぎるからだ。

国営事業であるためには、利水の受益面積が三〇〇〇ヘクタール以上でなければならない。計画の縮小変更でも、三〇一〇ヘクタールと実に含蓄《がんちく》ある面積に設定してある。それでさえ広すぎるくらい当初設定が水増しだったし、加えて農業衰退が加速している現状だ。水田灌漑という目的さえ、減反政策の影響から畑地灌漑にすり替わっている。

建設省は建設省で、治水、発電、利水、流量調整のどれもリアリティがないのに、ダム工事は死守しようとする。かくして、建設省ルートと農水省ルートとが、川辺川を奪い合い、食い争っている。

チチコフ顔負け

話を分かりやすくするため、重松さんらが梅山宅を訪れてから現在に至るまでの経過を、先回りして説明しておこう。

一九九四年（平成六）二月、農水省は利水事業の計画縮小を公告縦覧したが、閲覧期間一週間のうち土曜、日曜、休日などが五日間あり、閲覧は実質二日間だけだった。その後もろくろく説明がなく、なんだかよく分からないものに同意はできないと考えた人たちが同意を撤回した。すると農水省は、彼らのリストを各行政機関に通知し、役場の職員や推進員たちに公表し、同意撤回の揉み消しにかかった。これで逆に対象農家の半分以上が、国や役場のやり方に強い不満をもって動きはじめた。

農水省は、約四〇〇〇名の受益農家のうち、法的に必要な三分の二以上に当たる約三三〇〇名の計画同意を取った、とする。これに対し、一一四四名の農家が「農家負担の能力を度外視している」と、行政審査不服法により異議申し立てを行った。

一九九六年三月、農林水産大臣が、農民の異議申し立てのすべてを棄却・却下。

五月、農民らは国会議事堂で農水大臣に直訴、抗議文を渡す。

同六月、対象農家八六六名が原告となり、農水省を相手に、棄却・却下決定の取り消しを求めて提訴。熊本地裁に利水訴訟を提起（以下、利水訴訟）。その後、補助参加の農民が続々と増え、二〇〇〇年三月末現在、対象全農家約四〇〇〇名中、過半数の二一三四名の農民が参加。

一九九八年三月、熊本県議会で、農水省の計画変更にともないダム建設の総事業費を当初の二・三倍の二六五〇億円とし、工期を八年延長とする県知事意見書を可決。

これを受けて、同年六月、建設省、川辺川ダム計画変更を告示。「手渡す会」と「子守唄の里・五木を育む清流川辺川を守る県民の会」が、それぞれ建設省の計画変更に異議申し立てを提出。

同月、利水訴訟原告側は、同意書の信用性に疑問があると指摘。国側が提出した同意書により、同意したとされる農家に出向き、同意に至るいきさつを聞いた。その結果、同意を取る公告前に七人がすでに死亡していたこと、法律に照らして受益農家としての資格が疑わしい人が三十数人いることなどをつきとめた。

原告と被告双方の代理人の打ち合わせのさい、被告・国側の代理人は、「死亡者の数は今後、まだ増える可能性がある。同意者のうち六人を重複して数え、十二人としていた」といった。そのため、原告側は口頭弁論で、なぜ死亡者が同意書の中に含まれていたのか書面で提出するよう求めた。

一九九八年十月、国側は同意者のうち七十六人が、同意を求めた一九九四年時点で死亡していたことを認めた。中には八十年前の大正四年に死亡している人、対象地域の下流である人吉市や南部の多良木町、県外の広島市の人まで署名者になっていた。

これについて意見を聞かれた阿部徳志九州農政局管理課長は、「七十六人というのは亡くなっている可能性のある人数として出したもので、未確認の人も含まれている。正確な数は、確認して裁判の中で明らかにしたい」と、マスコミに語っている。

一九九八年十月、原告団、着工の予算要求の撤回を求める要望書を中川昭一農水相に提出。行政側はもう一度同意書を取り直すべきだ、という行政学者の意見なども新聞紙上に出ていた。これについて、定期記者会見でコメントを求められた農水省の高木勇樹事務次官は、「担当部局で対応、考え方を整理中」「来年度に灌漑の工事に着手する方針に変更はない」と語る。

農民側に指摘されて渋々ではあるが、七十六人という「死せる魂」の数をあえて公表したのは、受益農家の三分の二以上の法定同意数は取り付けているという、『死せる魂』の詐欺師チチコフ顔負けの計算ができているうえでの、公平さを装ったパフォーマンスだ。

「利水」の出発点

梅山さんに、改めて訴訟に至る経過を聞いた。

「計画縮小前の最初の時点では、農家にも青い空が見えていた。ダムからもってくる水の、利水エリアに自分の農地も入っている。そうなれば田もつくれるし、換金作物も幅ができる。名産褐《かつ》毛《げ》牛（体毛が赤茶色の肉用牛）の飼料用牧草もつくれる。経営も安定するだろう。まあ、お上《かみ》のやることだから、と私もみんなもハンコをついた。その後のおなじみの農業逼迫、四割減反。農作物は何をつくっても割りに合わなくなったし、離農も増えた。当然、利水エリアもぐっと縮まった。それが最初の昭和五十八年（一九八三）から、計画変更をいってきた平成六年（一九九四）二月までの変化だ。

　役所がわれわれの計画変更同意書を取りにかかったのはこのときから。冗談じゃなかぞ。もうこの時点で、農家の半数が六十五歳を超える高齢者になっていた。もちろん、後継者問題も深刻になっている。そういう状況の中、国としても巨額の税金をつぎ込む投資事業をやって果してうまくいくか、と心配になった。お人好しというかバカというか、自分のことは棚に上げてお国のためを考えとったわけだ」

しかし、少し考えれば、農家にとってこれが容易ならざる事態だということはすぐ分かる。新しいダムから延々六十五キロメートルも水を引いてきて、枝分かれして各戸までくるはずの水。いったい、個々の農家はいくら金を取られるのだろう。「タダだ」と、国は盛んにいうが、それは幹線水路のこと。国営事業だから国の税金でやるだろう。タダとはいえ、農家だって納税者である。それはおくとして、後の枝線は県営団体でやる。もちろん、農家は県税も納めているがそれもおこう。県営といいつつ、実際になにがしか個人負担がかからなかったためしはない。具体的には、枝線からポンプアップするための設備費や電気料などがいるし、それは水の使い方を預かる水利組合をつくり、そこに農家各自が加わる形で費用を負担する。要するに、水は買って使わねばならなくなるわけだ。

「各戸でいくらということは、その地域や実態によって違うからはっきりいえない」と、県はいう。現に、個々の負担額についていくら聞いてもいまもってはかばかしい返事がない。まさにその曖昧さこそが、農家にとって決してタダじゃすまないことを明瞭に示している。国営事業はタダだが、自分の田んぼにくるときにはなにがしかのお金がいる。それをはっきりいわないのはペテンだ。

梅山さんの指摘が正しかったことは、二〇〇〇年二月になってはっきりする。以下、「朝日新聞」二月四日付記事によれば、特定多目的ダム法では、受益農家が利水事業の負担金と別に、水源であるダム本体の建設費に対しても一定の負担金を支払うよう定めてあり、〈熊本県河川課によると、川辺川ダムの場合、現在の総事業費約二千六百五十億円のうち、土地改良事業に応じた負担分は三・九パーセント。この一割にあたる約十億円が受益農家の負担で、対象者約四千人で割ると元本だけで二十五万円になる〉。

いまは県で立て替えているが、ダム完工後は農家に償還させることを、当事者の農家に県は説明していなかったという。ダムの総事業費は、これまでのように単年度ごとに膨らんでいくだろうが、もちろんその一定比率は、特定多目的ダム法により農家の負担分として自動的に加算される。ちなみに熊本県の担当者は、「農家に対する説明の必要はないと考えた」といい、建設省開発課は、「国としては県が納入してくれればいいだけで、徴収方法は関知しない」といっている。昨今の警察不祥事におけるトップさながら、ここにも典型的な日本型官僚の、責任不在の精神構造を見る思いだ。

「われわれには、いま既得の水利権がある。しかし、ダムができ水が引かれると、新しい水利権に加わるため既得水利権は消滅する。いまの水利権は、自分たちのものだから自由になるが、国が管理する水利権に加わると自由にならなくなる。利水事業は、国と県、当該自治体との一体事

業にゃかたらんバイ!!
(加わらん)

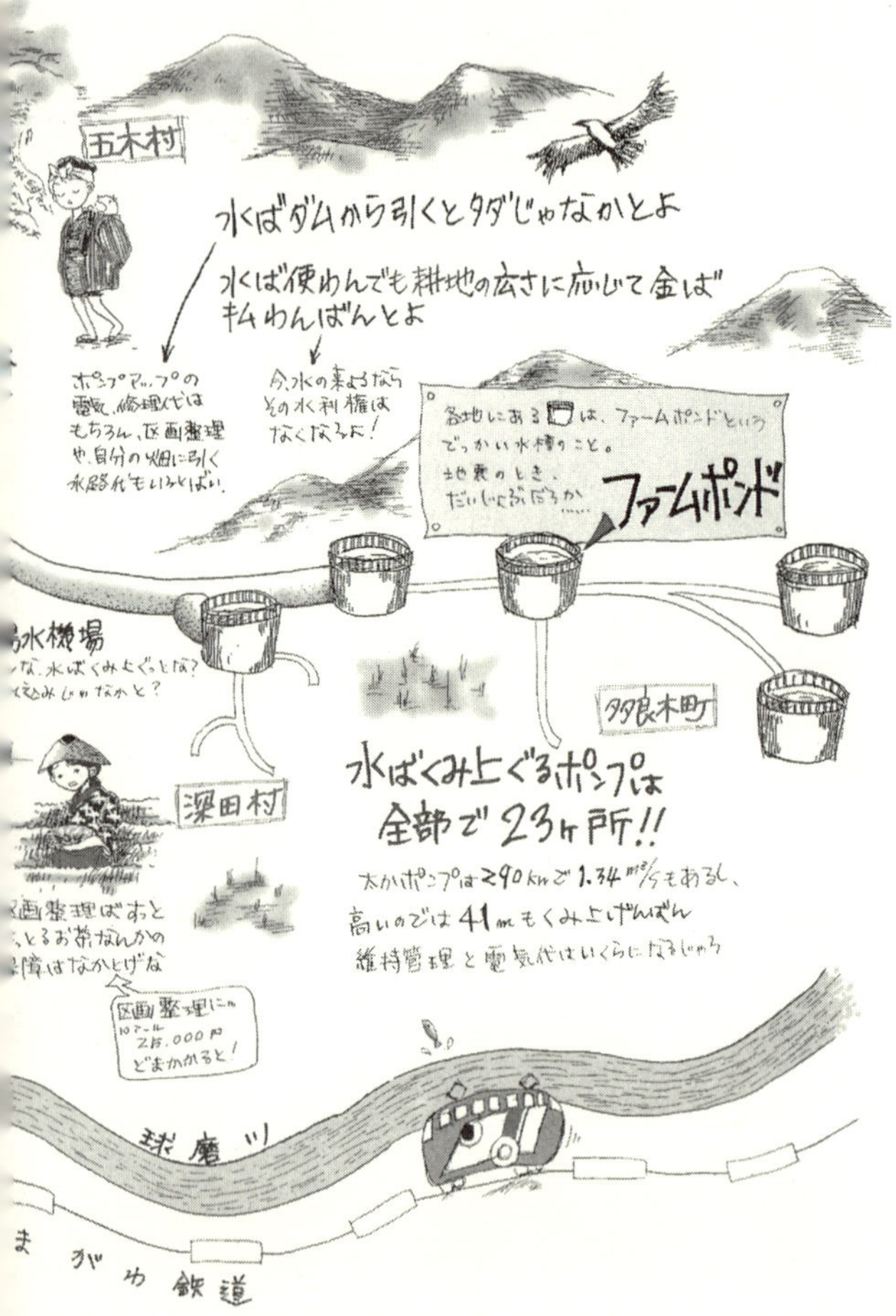
五木村
水ばダムから引くとタダじゃなかとよ
水ば使わんでも耕地の広さに応じて金ば
払わんばんとよ
ポンプアップの
電気、修理代は
もちろん、区画整理
や、自分の畑に引く
水路代もいるとばい。
今、水の来よるなら
その水利権は
なくなるよ!
各地にある□は、ファームポンドという
でっかい水槽のこと。
地震のとき、
だいじょぶだろか……
ファームポンド
水機場
水ばくみ上ぐっとな?
なかと?
タタ良木町
深田村
水ばくみ上ぐるポンプは
全部で23ヶ所!!
太かポンプは290kWで1.34m³/sもあるし、
高いのでは41mもくみ上げんばん
維持管理と電気代はいくらになるじゃろ
区画整理ばすっと
とるお茶なんかの
障はなかとげな
区画整理には
10アール
25,000円
どまかかると!
球磨川
ま　がわ　鉄道

ベ川)

ゼニのかかりすぎる利
国営事業で340億円
こら税金で出すけんタダげな。
県営・団体営で250億円
こっちはタダじゃなかっゾ!!
幹線水路が国営の部分
つまりタダていおる部分たい
管理組合の職員ァ給料はだらが払うと？
もちろん水ば引くもんたい!!
山江村
相良村
ここまで
こっかる先きゃ自分の畑まで、県営か団体営で自分たちでも金出して水ば引かんばんど。金のいっとばい…。
幹線水路
私の畑
人吉市
JR肥薩線
人吉城跡

利水事業

業としてのプログラムに組み込まれているし、幹線は欲しいが枝線はいらぬなどとはいえない。農家にハンコを捺させてしまえばこっちのもの、後は有無をいわせず事を運ぼうというわけ。そこで国は、盛んにタダ同然だと強調しているのではないか」

だいたい水利権というもの、水があり余るときはなにも問題にならない。それがものいうのは、水がどうにも足りないときだけだ。ところが、こちらは水に関して完全に間に合っている。水が充分にあることと、余計な水のために恩着せがましく金を取られること、この二つが「利水」のポイントだ。

だが、梅山さんがツムジを曲げるにはほかにもわけがある。第一、この時点ではまだダムの着工も決まっていないし、ダム建設による立ち退き料などの補償問題も片づいていない。ダムが本当にできるのかどうか、はっきり分からない状況だった。

「そんな状態で、なんでハンコが必要なんですか」と、彼は質問した。

「いやいや、それは農家の方たちが印鑑さえついて下されば、それでダムは本決まりですよ」と、時の行政側の説明。

「ちょっと待ってくれ、と。それじゃ農家は、あんたらがダム造らんがためダシにされてハンコつくんじゃないの、と。あんな理屈でみんな騙されたんだ。治水とか発電とか、なにも農家の利害とかかわりない多目的ダムの建設の是非が、農業不振で息絶え絶えの農家のハンコだけで決まる。そりゃおかしい、という疑問がまずもって浮かんだわけ。そのへんが私の出発点ですね」

六角水路

利水の受益エリアとされる一帯には、さまざまな既存水路が発達している。それを見て歩いた。川辺川と本流との合流点近く、右岸の河岸段丘にある「柳瀬西溝水路《やなせにしみぞすいろ》」は、梅山さんらのいる柳瀬集落地帯の水田に二キロメートル上流から取りこみ、自然に流れ下ってくるコンクリート水路である。毎秒流量〇・五トン。もともと農業構造改善事業の対象となってきたが、川辺川ダム利水事業の「恩恵」にあずからせようと、昔の水田から水田へと流れ落ちる形状のまま改善事業はズルズル引き延ばされてきた。だが、ここの水利権が農家の既得権だから、日照りが続いて水不足になったときは、すぐ近くの川辺川から足りない分をポンプでくみ揚げている。

柳瀬西溝水路の水門（かわべ川）

　褐毛《かつげ》牛の生産もここの名物だが、いまは食肉市場の低迷でさほど盛んではない。しかし、最盛期の飼料用作物の分まで賄うくらいの水量はいつでも確保している。灌漑方式がいくら古いといっても、こうして充分間に合っているものを取り壊し、わざわざダムを造ってそこから高くつく水を引いてくる必要などないのだ。

高原揚水場は先に見た。川辺川の川べりにあり、もう三十二年も前に許可水利権をとり、水利組合が高原台地へ好きなだけポンプアップしている。当初、川辺川ダムからのポンプアップは二十四ヵ所あったのが現在は一ヵ所になったけれども、それで十分賄える。三十七町歩だった受益農家が四分の一に減り、逆に揚水能力はついこないだモーターを新しいのに換えたばかりで、元気いっぱいだ。

高原地区は、旧海軍の練習用滑走路をふくむ広大な台地にある。戦後は、外地引揚者の開拓入植地となった。高原にある「基盤整備之碑」の碑文に〈戦後二十一年緊急開拓事業として入植者七十七戸、地元増反者二百三十八戸により開拓が始められたが、火山灰土のうえ灌漑用水がないため毎年干害をうけ経営は困難の連続であった〉とある。

雨が頼りで、水がすぐ大地にぬけてしまう地質だったから、作物も陸稲《りくとう》(1)かサツマイモしか採れなかった。このため、地元である相良村が中心に働きかけ、県営事業により四年がかりで幹線水路十二キロメートル、支流水路三十キロメートルの新設改良が完了し、これにともない水田と畑が造成されていく。

一方、陸稲やサツマイモなど自給型農業からはじめた農家は、天候に左右されやすいことから、茶やタバコ栽培、酪農に切り替えて成功した。雨水以外に水がない十五平方キロメートルの荒れ果てた洪積《こうせき》台地を、少々の旱魃《かんばつ》でもびくともしない現在の緑豊かな農耕地に変えたのは、農民自

揚水場からきた水を高原台地に広げる送水パイプ（井上）

身の英知と努力、そして、彼らの立場から支援してくれた自治体事業以外のなにものでもない。

地区の高所を走る広域農道のわきに、直下の揚水場からきた送水パイプの出口がある。水が十分行きわたっているから周囲には田んぼもあるし、減反政策さえなければいつでも耕作できる。あたり一面茶畑の空に、季節外れの防霜ファンが自然の気流に回っていた。

シンプルかつ合理的、なにもかもが間に合っている。しかも美しい風景だ。こんなところをわざわざ壊し、既成の水路を撤去して区画整理し、とてつもないダムを造って総延長六十五キロメートルものパイプラインから導水し、茶畑の防霜ファンの代わりにスプリンクラーをつけ（農水省の地元事業所が出したパンフレットで

（1）畑地で栽培される稲。

高原台地で代掻きに精を出す上田敬太郎さん（著者）

は、「スプリンクラーで水を撒き、霜害を防ごう」と宣伝している）、もともと水はけの悪い土壌に茶が根腐れするまで水を撒きちらし、その代金を払わせようという。結局、農家がいくら払えばいいかということすら隠そうとする。

時は六月はじめ。高原台地のあちこちで代《しろ》掻《か》きをやっていた。水を張った田んぼの空に羽虫が沸きたち、ツバメが飛んでいる。鋼鉄製ザリガニのようなトラクターで、泥田の中を往ったり来たりしている人に聞いてみた。

「水が足りんで往生した、ちゅうこたなかったですか」

巨大ザリガニにまたがった相手は、振り返って破顔一笑した。上田敬太郎さん。コメ作農家である。

「ここの作況指数は一〇四ですよ」

なるほど。まこと明快な答えである。全国平年の作柄《さくがら》指数一〇〇に対し当地は一〇四、つまり日照や肥料に問題なく、台風などの被害もなかったほか、田水も潤沢だったからこそ出せた数字なのだ。

「これ以上、余計な水はいりまっせん」

「六角水路」と呼ばれるのは、球磨郡の真ん中、高原台地の一画である吉野尾集落の入り口にある。高原台地東南部の水田灌漑用水の分岐点だ。十一キロメートル先の相良村四浦《ようら》の取水口から毎秒約一トンの水を導き、約一三〇ヘクタールの水田を潤している。名前の通り、分水口のコンクリート水路桝が六角形だ。

のぞき込んでいたら、通りがかった土地自慢がいろいろ説明してくれた。ここには、四浦の山からイノシシでもシカでもはるばる流れてくるそうだ。水路桝の分水口にはゴミよけの鉄柵があるから、なんのことはないネズミがネズミ取りにかかったようなもの。早く見つけた人が勝ち。奥山はスギとヒノキの人工林で餌がないから、タヌキなどは里近くにいる。それが飼犬に追われてか水路に落ち、よく流れてくるという。

「捕まえてどうすっとですか」

「ま、せっかくの頂きものですから」

いやはや、肥後で哀れは船場山のタヌキばかりじゃない。イノシシだってシカだって、六角水路にはまったが最期、「煮てサ、焼いてサ、菜の葉でチョイ」と食われてしまうのである。

ここにも記念碑があり、そのわきに高さ四十センチメートルほどのお地蔵さんがいてござる。

一九二九年、つまり世界恐慌の年から水路の開《かい》削《さく》がはじまり、十二年かかって開通・開田したが、この地帯の下層に河川堆積の砂利層があったため水が保たず失敗、とある。その後、旧海軍の飛行場にとられたり、敗戦から開拓地となり、度重なる農地改良事業で水路の補修・改良を行った結果、現在の水路を確保し、見事な美田がつくられた。

と思う間もなく、農産物の輸入自由化、減反政策。慌てふためくのはどうも分水桝のイノシシやタヌキだけでもなさそうだ。六角水路と農家自身、過去七十年来のこの国の混迷そのまま、絶えず激しく揺すぶられ続けてきたのだ。

さらに、現在進行中の利水事業で、いま農家がもっているここの水利権は消えてしまう。川辺川ダムから引いてくる水は計画水量毎秒六トンだが、六角水路を利用している農家以外をふ

水量豊富な六角水路（かわべ川）

くむ計画耕地面積三〇一〇ヘクタールの田畑に使われる。旱魃《かんばつ》でも果たしてこれだけの水が送れるのか、どうか。六角水路の維持もまるでタダというわけではない。既存の土地改良事業負担金として毎年支払っているわけだが、未払い額が年々増加し、去年三月には相良土地改良区だけで一四〇〇万円に達した。高齢農家の肩にはこれだけの負担が残っているのに、わざわざ何不足ない六角水路を潰し、ダムからの新設水路の負担までおっ被せようという。話がムチャクチャすぎないか。

多良木町黒肥地あたりの広域農道を車で走ってみるがいい。山間に谷、谷に川、川に田んぼ、それに集落。地形に合ったリズミカルな生産配置は、もう一〇〇〇年以上も続いてきたものだ。そこへ、ダムから山越え谷越えて、なんでわざわざ必要としない水を引くのだろうか。

客をナメた報い

「私も球磨川周辺にいる一人の人間としてものがいえる、という気でいたんですが、農民として農水省がわれわれをどう見ているか、早くいえばわれわれはバカにされている、人間扱いされていない、としみじみ感じております……」

そう話してくれたのは、人吉市で農業を営む東慶次郎さんである。彼だけではない。役所にバカ扱いされた話はいくらでも聞けた。

「具体的に、どうバカ扱いするんですか」

あれは行政不服審査法により、役所の利水計画に異議申し立てをやり、それで口頭審理がはじまった一九九五年（平成七）ごろの話だ。熊本市で行われた三日間の審理のうちの第一日目、梅山さんと倉田さんという人が代理人、あと三人は原告の計五名だけで、お役人が一室にズラーッと居並んで待ち構える農政局へ出かけていった。われわれから取ったとする同意書は、われわれの真意に基づく同意じゃないんだよ、ペテンだよ、だからあれは撤回してくれ、と要求する書類を当局に持っていった。異議申し立てを保障する規則に従っての行動だった。

「それは受け取れません」

「なしてですか？」

「窓口は町村になっているので、そっちと相談して下さい」

「そりゃおかしか。だって、同意書は農水大臣あてですばい。なんで町村に持っていかにゃならんとですか」

「この書類、いちおう一時預かりということにしていただけませんか」

「一時預かり！　それって、どこの規則にどういうふうにあるの」

「とにかく、書類は受け取れませんから」

一同は、いったんその場を引き揚げた。これじゃとても埒《らち》があかん、と考えた梅山さんは、さっそく板井優弁護士に相談した。板井さんはこの後、利水訴訟原告団を強力にバックアップすることになる弁護団のリーダーである。第三日目、その板井弁護士が乗りこんできた。ムシロ旗を掲げた百姓の中に、弁護士が交じっているなんて当局は想像しなかったらしい。

「いくら役所だって、農民のために仕事して月給貰うからには、われわれがお客さんのはず。客がきたらふつう、よくいらっしゃいました、どうぞ、としかるべく対応する場へいざなうだろう。そこで、じゃお話うかがいましょうか、となるはず。客が国会議員なら、『おまえらなにしにきた。仕事の話なら立っといてやれ』とはいうまい。ところがわれわれ百姓には、お座り下さいなんて口が裂けてもいわん。たまたまいっしょに行った舟越さんという人が、帽子をかぶっとったわけ。向こうはみなみな自分のデスクに座っとらした。こちら立ちっ放し、あっちは課長か補佐かなんか知らんが、自分だけふんぞり返っている。わきにいた若い職員が舟越さんにこういった。『あんた、ご無礼じゃなかかな。帽子かぶって、立ったまんまものいうて』

人格円満かつ温厚な舟越さんだが、さすがにこのときムッときた。

『立ったまままものいうって、あんた、私たちの座るとこなかでしょが』

ゴボウの出荷じゃあるまいし、人をズラリと立たせっぱなし。空いた椅子さえすすめないんだから」

さて、しかしここからが板井さんの出番だ。板井さんは名乗りを上げ、穏やかに切りだした。

「こっちの書類が受け取れないとかどうとか、どこにそういう決まりがあるの」

相手は顔色を変えた。弁護士とはエライものである。役所は彼の存在を知るだけで景色まで一変するのだから。

「そんな書類、見ていません」

なにィ、とようやく活気づいたムシロ旗の一群。今度はとうとう本気で怒りだした。

もともと控えめな、とりわけ役所などでは努めて折目正しく振る舞う人びとなのである。先日、同意撤回を求めて書類を出そうとしたものの、当局が「一時預かりにしてくれ」などというから、話をうやむやにされないよう、その書類はすぐ内容証明付きで送ってあった。だから、その返答を聞かせてもらいにやってきたのだ。

「いや、受け取っていません」

「あんたらが受け取ってないというなら、それは郵政省の怠慢だね。こっちは内容証明付きを出したときの受け取りがあるんだから、郵政省を調べる」

後が大変だった。本省に照会するわ、あちこち電話をかけるわのえらい騒ぎ。舟越さんの帽子など、もうだれも咎めなかった。ともかく、出した書類を受け取っていないというわけだから、「またくるぞ」と宣告してみんな意気揚々引き揚げた。その三時間後、板井弁護士に用があった梅山さんは彼の事務所に立ち寄った。ちょうどそこへ、担当者である九州農政局計画課長があたふたとやってきた。

「たしかに受け取っています。本省にあります。大変な失礼をいたしました」

弁護士さんには謝ったが、農民たちにじかに謝ろうとはしない。態度は横柄だし、農民をバカにしていた。

「あのとき並みの人間らしく応対されとったら、私らも裁判起こす気はなかったし、あの人らもこうまで困るこたなかったろう。農政局は、私ら農家の指導者でしょ。指導者がわれわれを人間扱いしてない。だから、まともに聞く耳もたん。いうべき言葉ももたん。われわれは客だが、仇でもなんでもない。それを頭からナメてかかった。自業自得たい」

百姓一揆と違う

計画への異議申し立てに基づく口頭審理は、熊本市、人吉市、多良木町・相良村と場所を変えて三日間ずつ三回行われたが、足かけ三年後、農林水産大臣によってすべて棄却・却下された。ここから異議申し立て棄却決定の取り消しを求める、いわゆる利水訴訟がはじまるのだが、この間の三ヵ月は、原告の人びとにとって耐えがたいほど重たい時間だった。百姓に裁判なんてやれるのか。やる必要があるのか。お上《かみ》に楯突いても差し障りはないのか——。

「裁判は、勝てると思ってはじめたのですか」

「ほかに相談しに行くところがなかったから。しかし、建設省相手ではとても勝ち目ない、でも農水省なら裁判やれる、と踏んだんで」

「そりゃまたなぜ」

「そのいいかげんさを見て。私も相良村の教育長やる前は税務課長もしたし、三十八年間、公務員として月給もろうてメシ食ったっだけん。そら税金なんて、取るほうに都合んよかごと出来とる。納めるほうが一銭一厘抜けられんように。土地改良という名の法律にしても、農民がなんもできないと考えてつくっとる。しかし、農水省というヤツ、舟越さんの帽子の話じゃなかばってん、どうも法律以前の薄暗いとこがありすぎる。百姓ばコケにしすぎた報いで、お役所んなかでも一番民主主義が進化しとらんでしょが。結果論ばってん、こういう薄暗さからあの七十六名のユウレイ同意書も出たつじゃろ。そして、現在われわれは、ユウレイの尻尾ばつかんどるわけですたい。一事が万事、こん調子ならオレんごたるボンクラでもやれる、と最初に確信しとった。

　考えてみれば、建設省は土地収用法とかなんとか力任せに土地を奪うテクニックをもっとるわけ。下筌《しもうけ》ダム反対の室原さんは、たった一人でよう勉強されたが、そうやって室原さんが法にぬけとる穴を見つけて頑張れば頑張るだけ、それをいちいち建設省がフォローしていき、法律や規則ばつくり直し、必要な土地ならかっぱらう完璧な法整備をやりとげた。だから、法廷闘争だけじゃ建設省にゃかなわん。

　ばってん、これが農水省の場合、公共事業といえども一般大衆でなく農業者という特定のかぎられた対象者向けの事業となる。公共事業と銘打っていても、国家対国民といったノッペラボウな――暖簾《のれん》に腕押しんごたるボーバクとした関係でなく、受益農家・地域という特定の人たち、地域の死活にかかわる問題としてするどく提起できる」

「公共性にワクがかかっているわけ」

「そうそうそう。オレらの身の周りに具体的に切り口があるわけ。こういう点は川辺川利水と農業経営うんぬんの問題として、ずいぶん前から役場の経済課長とだいぶ議論してきた経験があります。私がしきりにいうてきたこと。だいたい、改良事業が農家からのお願いでやるちう形になっとるのは、どこの水をどこからどうもってくるかちうことも本来農民の権利に属しとるということ。それをそぎゃん自由に（農水省の勝手に）してよかとか、というのが私のいい分です」

そういうとこに農家の目がいくようになったのは、やっぱり時代の流れ。長いものに巻かれろ式に何百年もやってきた農家が、「こぎゃん苦しゅうなってきたけん」そうなったと梅山さんはいう。

口頭審理のときの交渉の場に、梅山さんたちはムシロ旗を持っていった。梅山さんも、「これは平成の百姓一揆だ」といったりした。すると、ある人がこんなことをいった。

「梅山さん、百姓一揆は成功したことないよ。そら佐倉宗五郎(2)の名前も歴史には残っているが、結局負けとるばい」

（2） 下総佐倉藩領の農民。名は宗吾とも伝える。江戸時代百姓一揆の代表的な指導者。

「それ以後、私は『百姓一揆』という言葉は使うとらん。山城国一揆は自治共和国をつくったし、一概に百姓一揆が負けたとはいえん。しかし、いまは幕政時代じゃないし、民主主義の世の中。民主主義の戦いこそ大切。ムシロ旗の百姓ばかりじゃなしに、もうひとまわり広う、一般市民の人たちが、よしそんなら応援しようか、というてくれるカッコウにせにゃ。それで百姓一揆とはもういわんことにした」

ペテンと隠蔽

農水省の「いいかげんさ」とは、その前の近代性にある。帽子ご無礼発言もだが、弁護士登場で慌てふためくさまも、ゴーゴリの戯曲『検察官』の有名な「だんまりの場」に無残なほどそっくりだ。

再度の同意書集めがはじまった一九九四年の四月ごろ、多良木町の酪農・稲作農家である上村光徳（七十二歳）さんの家に、町役場の職員がやってきた。農水省の現地工事事務所から頼まれて、事業が取り止めになるからハンコをもらいにきた、という。ほかの改良事業での農家負担金でも苦しんでいた上村さんは、喜んで印鑑を渡した。そのとき署名簿に捺印した職員が、ふと、「新四郎さんとはどういうご関係ですか」と尋ねた。はて、おかしなことを聞くもんだ、と上村さんは思った。新四郎とは、四十五年前にすでに亡くなっている上村さんの祖父である。その祖父の名前が、十一年前の計画当初の同意者名簿の中に載っているではないか。

こうして、集落を丸ごと引っかけたペテンが暴露されていく。集落だけではない。対象七市町村で、事業取り止めとウソをついたり死者にハンコをつかせたりした「同意書」が次々と明らかになっていった。

一昨年、原告団は、やっと詳しい事業計画の対象地域三〇一〇ヘクタールの地図を手に入れた。水田・畑地灌漑・造成などの対象を記したものだ。だが、個々の農家に、お宅の土地のことここにこんな設備を施行しますよ、といった具体的なことは何も示されていない。それどころか、個々の農家がこの地図のどこに位置するかも判然としない。農水省は、以前だとこの地図さえ見せようとしなかった。しかもこれは、個々の農家に配布したわけではないし、農家への説明さえしていない。

ところが、例外的に相良村で一軒だけ「ここが対象地域になります」と明示されたケースが出てきた。村へ計画の説明にきた農水省の職員に、村の一人が聞いた。

「(対象地区の具体的な地図など) そぎゃんと、いままで持ってなかったとですか」

「いや、前からずっと持っとりました」

「それがあるなら、なして私らに見せんとですか?」

「いや、見せろといわれれば見せました」

そんなバカな話があるものか。事業計画の同意を得ようというのだから、こちらが聞く前に計画そのものの具体的な説明をまずやるのがルールではないのか。各自治体の事業推進員にしても、「あんたのところはここの何へーべが対象です」と説明しなければならない立場なら、地図ぐらい持っているはずだった。

国営川辺川土地改良事業の事業組合の局長は、それをバッグの中に持っていた。錦地区の場合は、ここだけちゃんと具体的な地図を持って同意取りに回っている。原告団によれば、N地区の同意書にはどうも本人の記載と思えないようなものがほかに比べて段違いに多いという。いい加減なところにいい加減な人たちがいて、本人無視でやってのけたらしい。

「まさか、百姓が裁判なんかでくるとは考えておらんから、いい加減でよかったわけたい」と、梅山さんは笑う。

「それをはじめから考えとけば、彼らもこんないい加減なこつできなかったろう。そこがオッガ（おれの）つけ目じゃったつ」

十人のベンゴッサン

「それにしても、利水訴訟弁護団に十人も弁護士を並べるなんて豪勢じゃなかですか。費用はどうやって調達するとですか」

「あのな、その弁護士さんたちがいうとるですよ。われわれは水俣の経験があるから、川辺川で闘える、と。国と闘えるちうことやな。水俣では国と企業相手に裁判やった。その経験を川辺川に生かしとる、ちうこと」

　彼らと出会うことになるきっかけは、たまたま重松さんが板井弁護士に用事があり、ついでに梅山さんも自分の相談に乗ってもらいたく、二人で出掛けたことだった。重松さんの用事というのは、相良村の選挙のさい、ダム反対の候補者を反対運動している者が応援したことについてとやかくいう者がおり、選挙違反に問われはしないか、という心配があったからだ。

「その話の後、私が実はこうこう、ということで相談して。そのとき板井さんが、『そんな話があるの』と興味もったというほうがいいかな。そこで、私が裁判で闘うちう方針を話したわけ。私も裁判なんてはじめてやから、『先生、この訴訟、いくら金かかりますか、いくら払えばいいですか』と聞いた。そのとき板井弁護士がいったこと、いまでも忘れんけど『梅山さん、最初にお金の話をしたならば、こんな裁判はやれないよ』。という意味は、いくらかかるかわからん、という話。ああこりゃ大変だな、と。オレは室原さんみたいな財閥じゃないから、これはとてもやれん、と。

　ところが先生のいうた意味は、どうも違うとやもんな。最初に金の話をすんなというた、あれは『よし、わが方はゼニカネじゃなくて、梅山さん、やってやろうか』と、いまじゃ分かるが、そのとき彼はハラ決めとんなさった、と思う。

そしてその後、『ほかに事件もあってオレ一人じゃやれんから、これこれこれの弁護士はうちの仲間に入れる』という話が板井先生のほうからあり、三人の弁護士がタッチしてきた。そのうちの一人である森徳和弁護士に、あるとき板井先生はどうやってあんたら口説いたつな、と聞いてみたら『あの人が、面白い話がある。しかし、オレ一人では手に負えんから加勢してくれんか、という話だった』という。『ウーン、あの人（板井弁護士）は何にでも乗るからなア』と森弁護士は嘆いていたが、こんなふうでいつのまにか十人の大弁護団になってしもた。

仲間にこの話をもち帰ったら、えらい騒ぎになった。ベンゴッサンば十人も！　なんで、ち。

そりゃそうですよね。

『一人二人でも大変なのに十人もどぎゃんすっと』

オレも、めったやたらにだいぶ突き上げられました。そもそも、裁判しようというときから『なに、サイバーン？』と、みんなびっくり仰天したものだ。そこからとことん話し合い、『そんならもう、裁判までいかにゃしょんなかか』という話までできて、あうんの呼吸ととのえよるところへもってきて、ベンゴシ十人ついとる、ち話やもん。『なんで』『ミナマタとどぎゃん関係のあっとや』と」

一番分からなかったのは、弁護士が十人も、自分たちと同じ手弁当で加勢してくれるということだった。

「裁判を助けてやろうちうのは、人間対人間の話なんですよ。梅山があっだけやる、自分の利害関係でなくてやっとる、そんならちう。まあ、ちょっと信じられん話ですが」

しかし、現に十人のベンゴッサンは、計画同意者名簿のコピーを抱え、ハンコをついたことになっている千数百戸の農家を一軒一軒面接調査し、役場が勝手に署名捺印したり、事業を止めるからとウソついたりしたケースを洗いだし、農水省やダム促進派のやった「死せる魂」集めを白日の下にさらけ出した。用水路事業だけで一〇六四人のでっち上げが判明した。農水省側には法廷で、死者の名前を利用した分だけだが、三十五人の不正取り付けを認めさせている。こんな気骨の折れる仕事も、ベンゴッサンはタダ働きだった。板井弁護士は、法廷に出るため仕事先の天草・宇土からタクシーぶっ飛ばしてきたが、タクシー料金の七、八万円は自分で出した。

「利水訴訟を応援する集会を全国あちこちでやってもらっとる。そこ行くと、一回動けば五万ぐらいかかる。私は、名古屋、東京、札幌の集会に行ってきた。札幌の場合、七万ぐらいいったな。それはもう自分の金よ。ダム建設促進派は、役場から宿泊費も飛行機代も日当までもろうて東京まで促進陳情に行きよる。それがふつうと思うとる。部落回るとき、私もいわれたことあるよ。『梅山、ヌシゃいくらにまでなっとや。だいぶ稼ぎなっとじゃろね。ベンゴッサンあしこ居んならだいぶゼン（金）になっとじゃろ』

当方、まったくのもち出し。弁護士も原告も自費ですよ。ゼンキン（ぜにかね）勘定で動いているのではない。だからこそ、私どんの運動も広がってきとる」

巡《めぐ》らぬ推進員

二〇〇〇年三月十日、農林水産省構造改善局の土地改良事業をめぐる訴訟が結審した。熊本地裁一〇一号法廷で、原告農家を代表して最後の訴えをしたのは、相良村の古川十市（四十八歳）さんである。

「どうして国は、私たちの足を引っ張ろうとするのでしょうか。私たちは、事業に同意しておりません。強制的に参加させられたら、農家は潰れてしまいます」

裁判の争点は、計画変更のさい、土地改良法で必要な三分の二の同意を正しく取り付けていたかどうかだ。だが、古川さんが訴えているのは、たとえ三分の二の同意が得られたと仮定しても、後の同意しなかった三分の一の意志を踏みつけてもよいのか、ということだ。古川さんは同意のハンコをついていない。不同意の農家は五九二名いて、古川さんもその一人なのだ。これ以上、利水事業の自己負担分が増えればやっていけない農家まで押さえつけて計画強行する多数決は、民主主義でなくファシズムだ。

利水訴訟原告団の事務所に寄ってみると、団長の梅山さんや世話人の重松さんら七、八人が集まっていた。めいめい仕事があり、そのうえ、原告団としてのその日の活動スケジュールが終わり、慌ただしい中でちょっと一息入れようという席に、当方もちゃっかりとジョイントさせてもらった。

「おひとつどうぞ」

熊本の根っからの農家には、客をもてなすときの作法がある。古川さんも正座して会釈し、コップにもう一方の手を添えながら私に焼酎をすすめてくれた。それが形式的でなく、身についた親昵《しんじつ》さになるところがこの人の人柄らしい。テーブルの脇には、めいめい持参の銘柄の違う焼酎や冷酒が七、八本。球磨ご自慢のエッセンスが、ずらりガンクビを揃えて並んでいた。

「古川さんは最初、推進員（地域での土地改良事業推進員）をされとったそうですね」

「まったくもってそぎゃんですよ」

自分から推進員になったのでなく、行政とか有力者とか、要するに「向こう」のほうから選抜してきたものだ。御しやすし、と見られていたのかもしれない。そのころ、開聞岳の池田湖の温暖な水を引いた利水事業があったが、その恩恵で月に一〇〇万も二〇〇万もの収益を上げる農家がいくつもある、と促進派の「向こう」はいった。しかし、あすこは産地間競争をして稼いでいる。ここでは状況がまるで違う。あっちは暖かい土地柄だから、よそより早くつくり、早く売りだして高く売る。火山灰土壌のボラ土は水はけが良すぎ、すぐぬけてしまうため畑には水をしょっちゅうやらねばならない。その代わり、年じゅう霜は降らないし気候は温暖、水も温かいから、野菜や果樹も早くできる。それを東京方面に出荷して高値でさばける。

ところがここは、冬になればハウスを造って暖房しなければならないほど、厳しく寒い中山間

道端で見かけた立看板（井上）

地農業である。山越え谷越え、わざわざ冷たい水を大量に引いてきて、ハウスに暖房してつくるものが果たして採算に合うかどうか。本気で百姓する気があれば、それぐらい計算しなくても分かるだろう。

「推進員の寄りが年に二回くらいありますが、その日当がふとかとですよ」

ミーティングは朝九時に集まって、昼前には終わる。それで一回八〇〇〇円くれるのだが、たとえ一円だって自分の体力を使って稼がねばならない農民にとっては、「向こう」のいうことを座って聞いていさえすればよいのだから、たしかに「ふとか」日当である。推進員の選抜には、そういう恩恵的なニュアンスもあるだろう。

地区によっては、同意を何日までに何人とってこいというノルマもあった。あるテレビ局の取材に応じた推進員Oさんの担当は十五軒だった。

「回ってくれっていわれたけん、対象農家をぜんぶ回ったばってん、印鑑は三分の一しかとれんやった」と彼はいう。

「そいじゃ少なかけん、まだ巡《めぐ》ってくれってけしかけられたつ。そいでまた巡ったつばってん、同じやった」

ところが、それから何ヵ月かたち、いろいろ漏れてきた話では、その地区の一軒か二軒を除く全農家からハンコをもうとってしまったという。どうもおかしい、と感じたOさんは、農家を回って聞きただした。

「おまいどま、なんで印鑑ついたとや」

なんと、土地改良事業組合の友田事務局長が、Oさんの頭越しに農家を直々訪ねてきたのだ。そして、事業を止めるかのようにいい、安心した相手からハンコをとっていったという。事情が分かり「オンもなあ、村会議員辞めた後にこぎゃんこととして、あと責任もちゃきらんとに」と、当惑するOさんのところには、明けても暮れてもとにかくなんべんも事務局長がやってきて、「心配しなんな。よか、ち。絶対あんたの責任にゃせん」といって尻を叩いた。Oさんは、騙されて同意した農家の分を取り消すよう内容証明付きで取り下げ願いも出したが聞き入れられず、一回ついたハンコはそのまま農水省に「はってた（行ってしまった）」そうだ。

推進員にされた古川さんだが、計画変更にともなうハンコとりにはさすがに強い疑問をもった。

古川さんの地区の対象農家は四十数軒あり、それを古川さんと樫原さんという推進員の方が、半分ずつ同意書をとるよう請け負わされていた。

「私がハンコとりに回らんもんけん、樫原さんからそのわけを聞かれた。私が問題点を挙げたもんで、樫原さんも、おれも巡んみゃア、となった」

するとある日、友田事務局長が古川さんのところへやってきた。

「オヤジもお前たちのこつ喜びよって、お前もたまにゃ遊びに行ってやれ」

オヤジというのは古川さん夫婦の仲人だった人だが、そのときは村会議長をしていた。古川さんは盆正月に欠かさず挨拶に行き、礼を尽くしているから、人にあれこれいわれる筋はない。友田来訪の目的は、受益農家の同意書取り付けに働いてくれ、という尻叩きだった。

「わたしゃ自分が納得でけんで、ほかの人にはなんも口入れしとりませんが」

「そうか、そりゃあ仕方がなかな、古川さん。そしたら私《わたし》どんがこうやってずーっと巡らんばいかんごつなるが、よかろか」

「仕方がなかたいな」

こんなやりとりの後、数日がたち、事務局長はほんとに地区を回りはじめた。古川さんと両隣三軒を除く全戸である。彼は、Ｆさん宅ではこういったという。

「区長さんがどうしても忙しゅうして巡られんていうこっじゃでん、代わりに巡ってくれていわれたもんじゃけん、私がきました」

そういって同意書をとっていった。古川さんは、そのとき地区の区長をしていた。そこいらの家が残らずハンコついたのを見ると、Fさん宅と同じ口上でみんなを騙したのではないか。

「区長さんの代わりだといわれ、私もほんとは賛成しとうなかばってん、ハンコつきました」

聞いてみると、やはりそんな答えがどこでも返ってきた。

よその地区の例だが、ハンコをズラリそろえた地区の同意書を見せ、この地区だけが遅れているとばかりに署名させたところもある。それで地区の半数の同意を獲得したわけだが、しかし、土地改良事業組合の事務局長直々の工作で、しかもウソ八百並べながらハンコは半分というのは、いままでなかったことだ。

「それまでに当局や事業組合に対する質問事項、疑問点など、ビラなどにして配っとりましたからその成果ですよ。あっちは事業そのものの説明抜きに、ウソついたほかはただ印鑑くれ、印鑑くれ、だったから」

いまはもう、長い物には巻かれろの時代ではない。いったん騙されても、泣き寝入りですむはずはなかった。古川さんが配っていたビラとは、「考える会」がつくったものだ。会の活動はいま、計画対象全農家約四〇〇〇名中過半数の二一三四名による利水訴訟への補助参加として結実している。

トナリグミと自治会が切れていない

相良村の茂吉隆典村議の地区では、茂吉さんらが推進員の人たちに、「あんたたちがわざわざ回らんでいい。みんな公民館に集まってあんたたちが説明して、納得したらみんな印鑑つきますよ」と呼びかけ、みんなと話し合う約束をとりつけた。それなのに、ここにも友田事務局長がやってきて、地区の表立った議員とか農業委員、親戚、知り合いなど、ハンコのとりやすいところからサッサととってしまった。

「そりゃおかしかっじゃなか。みんなで決めたとに、なんで出しぬいたつか。あんたもあの場にいたろうが」

頭にきた茂吉さんは、ハンコをついた前村議の人にそういった。

「そしたら、『ハンコつくかどうかの判断はもう各自たい』といいやった。それじゃみんなで話し合うたつはなんだったたつな、と私はいいました。ところが、私も議会に入ってはじめて分かったばってん、議会んなかで圧迫受けとったたっですたい、その人。そうせざるを得ん状態にされとった」

圧力の筆頭は相良村長である。つねづね、「梅山とか茂吉が農政局いってもなんばしはゆっか（なにができるか）」と放言している。彼はこのころ、九州国営パイロット事業の会長だった。「おれに任せろ、任せろ」が口癖である。なんにでも、ひとくち噛んでいなければ気がすまない。国営事業の受益対象となる農家は、たとえ経営に行き詰まって土地を手放そうとしても、農地以外の使用目的をもつ相手に売ることができぬ。地区座談会でその話が出たときも、彼は「おいなら、なんでもできっぞ」と、いとも簡単にいい放つ。

「おるがここら一帯の番人じゃでん」

たしかに、彼は九州灌漑排水事業の会長もしていたし、そのほか、いわば九州農水局の下請けみたいな役どころを嬉々として務めていた。熊本県と相良村の農業委員会会長でもあり村長でもあるから、いろんな農政関係の動きや情報をつかんでいる。事業の発注などをめぐり、行政間・業者間の利害のバランスをとったりして抑えもきく。

トップダウンの圧力は、地域にもこまごまと及ぶ。古川さんは、全部で五十戸ほど農家がある地区の区長を二期務めたことがある。彼の何期か後任にあたる人が、地区のみんなにこういういい方をした。

「地区に道路を造ってくれちうのも、古川ちうとがいって、うまいとこ道路の構想やらなんやらしてもらえ」

つまり、もしこの地区で道路がほしいとなった場合、古川に頼んでも古川はなんの力ももたん、あんなヤツのいうことを聞いていたら地区のためにならんぞ、という意味の裏返しの表現なのである。もちろん、上から示唆されて脅しをかけてきたわけだ。

区長が行政に占める役割は強く、その位置も独自なものだ。区長は、地区住民から出た要望、たとえば崖崩れの補修とか道路の舗装、水はけをよくするため道路脇にU字溝をつけてくれといった住民の要望を行政へもっていくのと引き換えに、村長直轄で上意下達の役を果たす。要望そのものは村議を通じて行政に伝えるが、区長はつねづね村長のいうことを聞いておかねば、溝一本掘ってくれない。

区長の選び方は一定していないが、選挙を通じてではなく、たいがい地区内での交替とか互選で選ばれる。区長になったらふつう村長寄りに行動し、行政側の肩をもつようになる。人吉市に住む重松さんの場合、彼は地域の町内会長を務めているが、町内会長も区長も実態はあまり変わらず、市と町村で名称が違っているだけだ。町内会長は町内会で決まると、それを行政が嘱託員とする。町内会長も相良村の区長のような存在も、地方自治法の条文にはない。万事、調整機能を働かせて事を運ぶ日本型行政機構の便法として設けてあるだけだ。相互扶助と相互牽制をたくみに絡めた戦前の「隣組」と同じである。隣組と戦後の地域・町内自治会の本質は、そのまま絶対君主制と主権在民の違いなのだが、それが歴史的にも感覚的にもちゃんと切れていないのである。

人権立候補

「ある村の例ですが、そこは順番で区長やるもんですから、区長に屁のごたる男が居《お》る。私らが利水訴訟支援の署名活動に行きますと、住民のほうが『区長さんが署名せんから私らもせん。区長さんがしたら、する』というて拒否しなさるとですよ」

「屁のごたる男」も、いったん区長となれば現実的で大きな力をもつわけだ。同意書も、そんな彼らが真っ先にハンコをとって回った。これとまったく逆の立場もある。利水を「考える会」をつくって行動している古川さんは、当然、利水事業への批判をもつ。

「そいばってん私は、ちょうどそんとき区長だったですもん。職権乱用じゃいかんで、私は『考える会』の考え方を、立場を利用して人にすすめられん。だから、そういう立場でマスコミなどにも出とりません」

「おるがあんたエラカと思うとは、そう考えた時点で区長も返上して、そしてなおかつ自分の思うことばやっとるもんな」

と、梅山さんが口をはさんだ。地域の権力をカサに着る説得はフェアじゃない。たとえまともな批判でも本物の理解が得られない、と古川さんは考えたのだ。

古川さんは農業委員に立候補した。すると、先輩である前委員がやってきた。

「その方、私にこげんいいなったとですよ。農業委員になれば利水事業ば推進せんならん立場になりますが、あなたはどう考えますか」

こんな風だから、「とにかく、ああいうとこには出とかんば」というのが、古川さんの農業委員立候補の動機だった。説得にきたのは先輩の彼だけではない。古川さんの後任である区長もやってきてこういう。

「お前は利水事業反対をやめるか、農業委員に出るのをやめるか、どっちかとれ」

新しい農業委員を出すにあたって、利水事業も一致団結して推進しよう、というのが農業委員会全体の立場だった。

「区長にそげんことという権利はなかっです。もともとその人、いぜん農業委員しとったが、農業委員のくせにいかにも農水省の下請けみたいなことというわけですよ」

もしそうなら、たとえば共産党が独自に農業委員の候補を立てようとしている動きがあるのはなぜか。まさか、共産党が農水省の下請けをやろうというのではあるまい。こういう非常識なことをいうのは、村長から吹き下ろす圧力の代弁に違いない。村長もまた、「農業委員なら利水事業推進のため一致団結してやれ」といい、もし一人でも反対なら「おら、せぬゾ」と公言している。反対する農業委員が一人でも出たら、村長として何もサービスしない、といっているわけだ。

古川さんのところへやってきた区長は、村長に息子の仲人をしてもらっている。彼と古川さんは同じ農業委員選出区で、これまで交替で代わる代わる農業委員に出てきた。だが今回、反対派の古川が出てくるのは「都合が悪い」となり、区長はたぶん村長に呼びつけられ、因果を含められたのだろう。

そもそも農業委員は交替制でなく、出たい人が出られる立候補制なのである。出ようが出まいが自由だし、立候補にあたってどんな抱負を述べようと自由だ。抱負など、むしろはじめからなにもなく、アミダくじでも引くような具合に自主性ぬきで押しだされてくることのほうがよっぽど問題だ。

「ところが私はよう分からんで、そいじゃ勉強して、よう検討してから、と答えました」

即答を保留した古川さんは、その足で法務局の人権相談所に行った。

「事情はこげんこげんばってん、農業委員は国営の利水事業の下請けんごたることばせなんちうのはほんとですか」

「そりゃなかろうばい」

と、明快きわまる返答だったそうだ。

立場、立場の理解

議会がないときの茂吉さんは、相良村柳瀬の自分の畑で白ネギ（根深《ねぶか》）づくりに精出している。

「考える会」には、村議になる前から畑作農家として参加していた。利水訴訟が回を重ね、地域の関心が大きくなっていくと同時に、促進派ばかりの村議会にぜひ「考える会」の立場に立つ村議を出そう、ということになった。そこで、会の副会長をしている茂吉さんが一九九九年春の選挙に立ち、当選した。いまは、議会活動と白ネギづくりに専念している。

村議としてはじめて議会へ出かけたとき、控室でほかの同僚議員たちと顔が合った。そのとき、たまたま柳瀬地区の区画整理事業の話になった。

「事業反対派の運動が激しゅうなったで、区画整理やるちう話もすすんどらん」

ある議員が、茂吉という名前こそ出さないものの、彼が利水事業に反対するからそれと別な事業である区画整理も滞っている、といういい方をした。

「そりゃ違う。おどみゃ区画整理に対して反対とかなんとかいうとらんぞ」

「そりゃどういうことな」

「あれとこれとは違うだろが」

利水事業に反対だからといって、地域に必要な区画整理をほったらかしにしてよいとは誰もいわぬし、そんなへリクツもない。だが、議員たちは、先を争うかのようにいっせいに茂吉議員を詰《なじ》りはじめた。その場に村長もいた。茂吉さんには、事情がやっとのみ込めた。つまり、みんな彼の磁場の中にいるのだ。

「なんばいいよっか」と、茂吉さんは一喝した。

「おいがいま一人で話しよっとに、そぎゃん何人でいっぺんにいうてなんの話の分かっか。わいどん、いままでそぎゃんふうにしてきたっじゃろが、これからはそうはいかん」

新米議員の初日、このさい寄ってたかって抑えておこうとしたのだろう。

「おう、局長、委員長」と、茂吉さんは同級生の議会事務局長と議会運営委員長を呼んだ。

「いままで、ちょっと毛色ん違う新米議員ば見つけたら大勢で吊るし上げたとやろ」

「いや、そぎゃんじゃなかですよ」

「これじゃ一人の意見はいわれん。民主主義ちうのは、一人ひとりの意見ばやっぱ協議しながら議会でせにゃ。こげん控室で大勢で、なんだっ」

そのとき啖呵《たんか》切ったのが、後のためにはよかったと茂吉さんはいう。闘いの場は、なにも議場での発言だけではない。しゃべらせまいとする工作があるし、恫喝《どうかつ》はふつう、控室でのさりげない立ち話や耳打ちに潜んでいる。そうしたことを、洗礼初日で突破したのがよかった。

相良と五木の村議会同士で話し合うことがあり、茂吉さんも出席した。話し合いが終わり宴会に入ったところで、茂吉さんは五木の村長、助役、議長の席まで行き、献杯した。ダムを受入れた五木の人たちに、自分たち「利水」の立場を聞いてほしかったからだ。

「いま、現に水が必要なだけ流れてきよっとに、なんでダム造って利水事業ばせんなんですか。ゼニ、ようけいっとですよ。おいどんが立場、考えなイ」

「そりゃ分かっですよ」

反発されるかと思っていたら、五木の人たちの反応は意外なほど温かかった。農家の個人負担はないという県や国の説明にもかかわらず、疑念を捨てきれないことについても彼らは直感的に理解してくれた。孤立無援の中でダム反対をかかげ、刀尽き矢折れた彼らには、そんな体験の奥深くに、追い詰められた者同士で共振する精神の音叉《おんさ》をもっていた。茂吉さんにはそれがなによりうれしかった。

「いやあ、お宅のいいなっとはそりゃそぎゃんですばい。やっぱ、立場、立場ですな」

おざなりではない。深い共感の表明として、茂吉さんはその言葉を聞いた。

「そうでなきゃ、百姓のおどんが裁判なんて簡単にすっですか、ち」

「そりゃそぎゃんですばい」

学び合い

「だから、茂吉さんを村議に立てておいたのはよかった」

梅山さんがいうのにみんながうなずく。たしかに、村議がいなければ聞けない話である。利水訴訟の原告の立場から農業委員に立候補し、村議に立つ。そうしてはじめて、自治体の自治感覚が少しずつ自分たちの暮らしの中に生きはじめてきた。

訴訟もいまは結審し、大詰めを迎えているが、ここにくるまではやはり大変だった。「考える会」でも「裁判ばせんばいかんとじゃろか」という議論をずいぶんやったが、その議論以前に梅山さん自身の悩みもあった。

これは裁判までいかないと結論が出ない、そして裁判はとても百姓だけでやれまい、だからこれはおれが一人で——と、梅山さんは考えつめた。

「私がいちばん恐ろしかとは、大同団結な、そら一時的には盛り上がっても、最終的には一人こぼれ二人こぼれ、ゼロになる可能性がある。下筌《しもうけ》ダムの室原さんの例を私は見ているわけ（一八八ページ参照）。労働組合じゃなんじゃと旗立ててワアワアやった揚げ句、結局は室原さん一人になった。そりゃ寂しいよ、だから最初から一人でやると覚悟決めておく。で、私は覚悟きめたわけ。そのときにみんなが、梅山がいうとならばいっしょにやろうか、闘おうか、というお話になって、それがいろんな市民グループまで巻き込んできたわけ」

じつは、梅山さんの身辺で深刻な事態が起きていた。一九九六年六月、農水省を相手に、いよいよ熊本地裁に利水訴訟を提起したころ、妻の愛子さんが突然クモ膜下出血で倒れ、入院した。以来、脳の手術四回、意識はしっかりしているが身体機能が回復できず、要介護のまま現在も入院中である。それまでは、水田、畑、梅林計一ヘクタールの兼業農家として野良仕事に追われていたが、介護と自炊の負担がそれに加わった。そして裁判。そのすべてを、たった一人で切り回す。生やさしい日常ではないのである。

「梅山さんはほんとに一人で裁判するっていいやった。しかし、一人でさするわけいかん。そういういろんな議論もしました」

と、茂吉さんはいう。そして、古川さんもいう。

「梅山さんも農家とだいぶ付き合うてから、農家の心情もようやっと分かったと思う。それまで梅山さんも一応農家もしておられよったばってん、最初はおら、梅山さんば農家と思わんじゃったもん」

変わったのは梅山さんだけではない。それまでは、弁護士なんて自分たちと別世界の人間だと思っていた人も、百姓が裁判なんてという人も多かった。それで、グループから離れていった人たちもいる。原告団の中にも、妻から泣きつかれた人がいた。

「とうちゃん、そこまでせんてっちゃよかっじゃなかなア。息子も学校に出さんばっとばい。来年な高校ばい、大学の試験も受けさせにゃならんとに、どぎゃんすっとな」

無理からぬ話だ。裁判に勝っても、それで別に儲かる話ではない。それより、もし負けたらどうする。わが家の暮らしをさておき、村長さんに盾ついて裁判まで起こしている。

「こりゃ、カアちゃんの精神的苦痛てにゃ大変なもんばい」

「私んとこも子どもがちょうど就職時期にきたもんで、就職がどうしても狭められてくる、と。だからその心配はかなり……子どもにまで私が迷惑かける、と。子どもは別になにもいわんが、将来、傷つくかもしれん。それも心配したっですよ、ほんとは」

ところが、その中でこんな話も聞いた。古川さんの家では、子どもが当時高校生だった。彼がこういった。

「父ちゃんがいまやってることは、父ちゃんの世代のためでなくおどんが時代のためじゃもんな。おどんがことば心配して、父ちゃんな裁判しよっなっとやもんな」

その話を、梅山さんは高校生の口からじかに聞いた。胸が熱くなった。一方では、妻に泣きつかれた話もほかの人から聞いた。これもよく分かる。

「私としてはなんともいえぬ。それは家族の葛藤だもん」

「です」

「だれも一人ひとり、その葛藤を乗り越えなくてはここまでこれなかった」

「です、です」

「利水」の人たちは、最初から「ダム反対」を標榜《ひょうぼう》していない。これ以上水はいらない、間に合ってるとはいうが、ダムそのものを「造れの造るなの」とはいっていない。水はいらないといえば、おのずとダムもいらないということと通じるだろう。だが、あくまで主張としてダム反対には触れてない。

「なぜかというと、いまの農家の実情を考えた場合、兼業農家がだいぶ居《お》っでしょ」

と、梅山さんはいう。ここらで八割から九割を占める兼業農家の農外収入がなにかというと、公共事業の現場などで働く賃金収入だ。農家の場合、じつにその九割がダム関係でメシを食ってる。その中でダム反対を正面切って唱えたならば、みんなついてきにくいだろう。心の中では反対だが、いうと生活が成り立たぬ。

「そういうジレンマが想像できんで、農家の気持ちも考えず、ただもうハンタイハンタイと騒ぐこたできぬ。だから、少なくとも表向きには、私たちの口からダム反対はいうとらん」

「考える会」はそんなスローガンより、問題がいったいどこにあるのかを明らかにする勉強会を大切にした。

東さん（一八三ページ参照）は最初、促進派だったそうだ。「考える会」をつくり、梅山さんを入れて勉強した。とくに農家負担のことで、明確な負担額どころか計画書さえ示さない当局の態度から、やはり自分たちで追求せにゃいかんな、という気になっていったという。そうこうしているうちにユウレイ同意書の件が発覚し、今度は本気で怒りだした。

「とにかく、こっちを騙しとるということがはっきり見えてきた」

お互い学んだことはほかにもある。自然がこれほど地球規模で壊れてくると、「環境」は「利水」や「治水」と並ぶ大切な指標として浮かび上がってきた。それまで住民には名前さえろくに知られていなかったクマタカ。この絶滅に瀕した希少種の猛禽類が、川辺川流域の森に棲んでいた。生きものを守り、森を守り、川辺川全体の生態系を丸ごと守ることが、いまほど人の生活環境を守ることと同じような意味をもつ時代はない。東さんは「クマタカを守る会」をつくり、クマタカの眼で川辺川を見つめて活動している。

「環境」は、時代とともに浮かび上がってきた指標である。下筌《しもうけ》ダムの場合やダム反対で盛り上がった五木の場合も、まだこの指標は現れていない。平家の里、子守唄の里として観光の宣伝に力が入れられはじめたのはダム受け入れ後であり、しかも観光と環境保護とはしばしば対立する概念である。もちろん、五木以外の人びとにも、当時は「環境」の視点は明確ではなかった。

梅山さんや東さんは、もし利水訴訟にこの目配りを欠いていたら、いまのような全国的な支援ネットはできていなかったろう、と考える。自然や環境は、地域や地域を超えた全体の共有物だ。自分たち一人ひとりにかかわりつつ、決して私物ではない。

「私は非常に幸運児だ」

梅山さんはそういい切る。一人でやると覚悟した裁判だった。農民の問題だが、農民だけでも闘えない。それが東京にも「支援市民の会」ができ、「県民の会」もできた。人吉市の重松さんら「治水」の人たちも支援してくれる。究極はダム問題だが、いまみんなの気持ちの中に共通してあるのは、手ですくってそのまま飲める川辺川の水、暮らしの水をこれ以上汚されてたまるか、という思いだ。

「考える会やクマタカの会をやっとらんなら、こぎゃん勉強もでけんじゃったでしょね」

もっとも、この流域で住民同士で学び合うグループ活動は、「考える会」や「クマタカの会」がはじめてというわけではない。たとえば一九八〇年代半ばごろには、「食べ物と健康のつどい」というサークルがあり、かなりレヴェルの高い研究会をやっていた。球磨川を汚すのは、市房ダム

ペートル教会（井上）

により富栄養化された水だけとかぎらない。田畑から農薬が、住宅地からは合成洗剤が流れこむ。背骨の曲がった魚まで発見された。やがて、流域の山江村にゴルフ場造成の話がもち上がり、地形的にそこから相良村へ流れこむだろう「草殺し（除草剤）」の被害が大問題になった。ゴルフ場反対運動がはじまり、人びとは熱心に学習会へ参加した。

学習会や会議の場所は「ペートル教会」。講師は、緒方俊一郎先生。「ゴルフ場建設に反対する市民の会」の会長は彼であり、「食べ物と健康のつどい」のリーダーも、もちろん彼である。コツコツと地道に積み重ねられていったモチヴェーションの厚さ、たしかさ。かくて、山江村のゴルフ場は建設中止に追いこまれていったのだ。

7

いのちの十字路

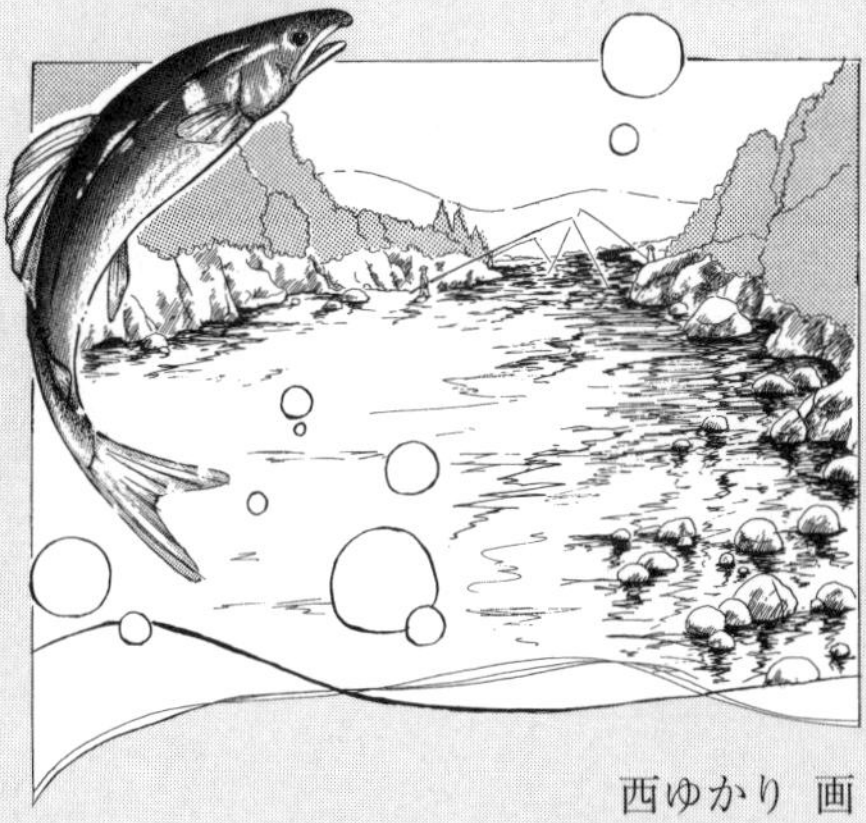

西ゆかり　画

ボケに失業は禁物

五木から下る川辺川の奔流が、人吉盆地にさしかかってゆったりと川幅を広げるあたり、水面に映えて印象的なロシア正教の十字架の尖塔が谷の蒼空をさしている。特別養護老人ホームや老人保健施設、デイサービスなど「社会福祉法人ペートル会」の各施設と、緒方医院、緒方家の自宅が一画をなす。

空と、樹々と、ゆったり豊かな流れと、すべてが自然に溶けこんで美しい。緒方家の庭には小さな青物畑や牛小屋まであって、たったいま生まれかけている仔牛のため、朝早くからにぎやかな声がしていた。私は、仕事先でも早朝散歩の習慣を欠かしたことがなく、そのときも散歩の途中で立ち寄ったのだが、牛小屋の人びとの中に礼子先生がなんとなくオロオロと落ち着かない様子で立ち混じっているのを見つけた。聞くと母牛は難産だったそうで、腰が立たず心配しているのだという。黒い母牛から茶髪色の仔牛が生まれている。当地名産の褐毛《かつげ》牛である。

特別養護老人ホーム「川辺川園」を訪ねる。

事務方のチーフ林田康喜さんに迎えられ、玄関から真っ直廊下とホーム内とを仕切るドアまできた。入ると、それを待ちかねていたように車イスのおばあちゃんがスルスルとやってきて、林田さんの手首をつかんだ。「ドアを開けてくれ」という。「はいはい」と、林田さんは逆らわず、

福祉法人ペートル会施設の全景（ペートル会提供）

片手でドアを広く開けてやった。

「だんだんな（ありがとう）」

ありがとと、サンキュウ、ベリマッチ……Kさんという車イスのおばあちゃんは、歌いながら嬉々として廊下から園の庭へと走りでていく。Kさんは、いつも家に帰りたい、といっているそうだ。彼女はしかし、ものの十メートルも走ったら満足したらしく、ニコニコと歌いながらまた戻ってきた。ドア一枚の出入りで、世間と自分がつながっていることを確かめているように見える。


このホームは、もともとドアにカギをかけていない。緒方夫妻の責任パートは、俊一郎先生が福祉法人ペートル会理事長と全体の医療面・緒方医院、礼子先生は施設長とサービス全般となっている。ドアの開放は、礼子先生の思想に基づく。

デイサービス・センターの送迎（ペートル会提供）

「どぎゃんよか施設でも、入っとるほうから見ればワクん中に押し込められたと同じこつ。帰りたかア帰りたかア、といつもおっしゃる。長か人生の最後の時間ば狭いところへ閉じ込めれ、あれはだめ、これはだめといわれたら、たまらんでしょ」

はじめて礼子先生に会ったとき、最初にそういった。礼子先生には、たとえばテーブルクロスの位置を直したりする何気ない仕草に独特の気品がある。繊細さと美しさ、そんな雰囲気の彼女が口を開いたとたん、大声でガラッぱちな球磨弁を連発するのは壮観だった。よく通る声、直截《ちょくせつ》な物言い、身振り手振り、表情のどれも、高齢で耳のとおい人たちに意を伝えるには十分だ。彼女は博多で生まれ育ち、大学を卒業し、そのうえさらに福祉の勉強のため東京の大学に入り、昼は目黒にある東京共済病院の託児室で

COLUMN

中等度痴呆

社会の高齢化にしたがい、痴呆症は増加している反面、痴呆の深度を測るスケールは統一されたものがない。医師や施設によってまちまちだが、比較的に普及している「改訂長谷川式」と「浜松方式」によると――

◆**改訂長谷川式簡易痴呆評価スケール**（ＨＳＤ―Ｒ）・対象者の年齢、現在年月日、現在場所、記憶力、３、４桁逆唱、知るかぎりの野菜の名前などの設問に配点し、最高得点30点中20点以下が痴呆、それ以上非痴呆とする。中等度痴呆のランクはない。

◆**浜松方式**・かなひろいテストとＭＭＳの二段階方式。生活実態による把握が特徴。テスト前の問診表は、軽度・中度・重度10項目ずつ設問。中度では、日付、身だしなみ、家事、ガス・水道止め忘れ、料理の味つけ変化、薬の服用、金や通帳のことで騒ぐ、季節と衣裳の取り合わせ、昨日の記憶、簡単な計算など、10問中四つあてはまれば該当と判定。

働いた。そんな都会人間が、日々の実践で身につけた天下無敵の活動スタイルである。

老人ホームはどこも、入っている人の七割ぐらいを痴呆が占める。私が取材したことのある、静岡の初期痴呆を対象にした脳活性化訓練センターは、一期三ヵ月ごとの訓練開始にあたり、センター入所者を近くの特養ホームへ見学に連れていく。そのホームでは、中等度*より重い痴呆の人を厳重に隔離しており、畳を掻きむしったり髪を振り乱して茫然としている重度の人の「ひどさ」を見せるためだ。ああなってはいけない、と自覚させるのが目的だというが、見学者の中にはショックのあまり泣きだす人もいた。それに比べ川辺川園では、痴呆と他を分け隔てしないし、部屋もドアもすべてオープンにしてある。

「出ていこう（徘徊）としておられると、出て

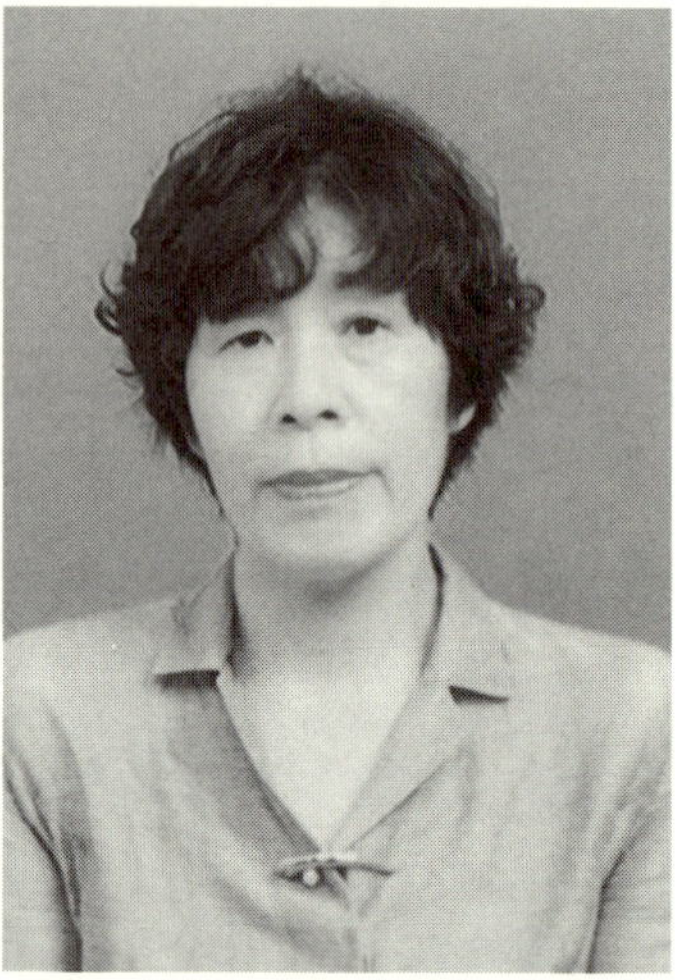
ペートル会施設長　緒方礼子さん

いきたいんだから私たちはそれを止めないで、傷つけないでついていけばよかかなあ、という対応です。あまり考えていません。外からカギかけられるという恐怖は、みんないっぺん経験してみるとよか。怖かですよ。

精神科の病院などが老健（老人保健施設）を開設されたりするとき、私がすごくこわいのはそのこと。精神科は、カギカギカギ、オリオリオリってとこ、多かでしょ。そのやり方の延長で、痴呆の方をどうも人間らしゅう扱ってくれらっさんごたる。ここの老健『サンライフみのり』にいた人で、中間施設なものですからよその特養入所が決まり痴呆棟に入られた方がおられますが、そこをうちの職員が訪ねたことあるとですよ。『ぼうっとしとらす。うちにおられるときは、部屋のハエばハエ叩きでばちばち叩いてもらいよったとに』といいました。だからうちの職員は、うちからよその痴呆棟に行かれた人には会いたがらない、可哀想で可哀想で。広い部屋に何にも置いてなくて、ぼさーっとお年寄りだけ居られる。ボケは、なんもさせんで放っとかれると、余計ボケます。ボケは失業させちゃいかんとです。うちはインターフォンなど毎日んごと引っ千切られて、電気工事店の人から『もう先生、これは外しとけば。何かあったら大ごとですよ』。コードで首吊りでもされたら、と心配してもろたとでしょが、『職員が見とけばよかやかね。あたりまえなもんはあたりまえに置いとくと』、『そうですかね。そうですかね』、『設備も人間らしゅうしとかんば、ここに居る人も人間らしゅうならんどがね』。まあ、それで園のテレビも電話もしょっちゅう壊されとるけど、問題はそぎゃんことと違うもん。

面倒なことを回避しとったらなんにもできない。私は家族の方にもいうんです。このやり方でひょっとして怪我されるかもしれない、でも生きてるってそんなことではないか。安全第一、こっちも責任かぶらんごとなんもさせんで部屋に置いとく、それは生きているということですか、って。そこに、私は怒りがあるわけ。

徘徊。けっこう。出ていきたいというのは、目的があってそれを探しておられるんだから、納得されるまでこっちがついて行けばよか。なんでもないこと。それを管理してしもうたらいかん。人としての権利があるのに、施設に入ったらなんで施設のいうこと聞かなんといかんとやろ、と私はそれが不思議」

徘徊と回廊

そこで、私は質問した。

「そんなら、どうしてここに回廊式廊下があるとですか」

ペートル会の諸施設は、川べりのゆったりした敷地の中に建てられている。特養ホーム川辺川園は、長期にわたる生活者が退屈しないよう、窓を大きくたくさんとって目いっぱい「外」をとりこむ設計になっている。デイサービスセンターは、天井の高いホールを中心に、浴室や舞台などすべてを大きな円塔に収める。老人保健施設「サンライフみのり」の設計がおもしろい。上から眺めたら巨大な扇に見えるだろう。扇のカナメに食堂や機能訓練室、扇面の外側の弧を描く配列に療養室や面会室、喫茶室、内側にサービスセンター、診察室、そして内側と外側の間に同心円弧状にカーブした回廊がある。

六年前、厚生省が各都道府県あてに出した同省老人保健課の課長通知老健第二三七号は、その施設が痴呆専門棟として認められるための条件を示し、その一つに〈老人の見当識に配慮した行動しやすい回廊式廊下等〉を設けよとある。さらに同省老人保健課監修『老人保健施設関係ハンドブック』（日本法令、一九九五年）には、〈整備費国庫補助の回廊式廊下加算の対象となるのは、廊下幅は基準の概ね二倍以上の広さ、および回廊距離は五〇メートル以上を確保することが必要〉と注記されている。つまり、回廊式廊下を造ったら基本施設療養費にプラスしてあげますよ、というわけだ。

痴呆ルポの取材で、つねづね私はこの回廊式廊下に疑問を抱いている。まず「見当識に配慮した廊下」というのが分からない。そのくせ「回廊距離は五〇メートル以上」などといやに具体的なのは、回廊の目的を徘徊のエネルギーを消耗させることだけに置いているからではないか。見当識がどうのこうのといいつつ、実際は徘徊をただ物理的に捉えているにすぎない。たかだか五十メートルをグルグル回っているだけで、礼子先生のいう「自分の求めるところ」へ歩きつくことができるのだろうか。だが、外へ出たい人は自由に出ていいはずのここにも回廊式廊下があるというのは一体どういうことか。

「これを造る前にそぎゃんこつ考えもしません。おしゃれな設計のつもりでした」

礼子先生は、あっけらかんとしている。ドア開放でどこへ出るのも自由だから、回廊を徘徊用に使う必要はない。そういえば、たしかに同心弧線に仕切られた老健施設はすべての部屋が扇形をしており、四角四面の直角な間取りではない。デイサービスの尖塔といい、草っ原で思いきり伸びをしたような特養ホームの間取りといい、川べりの余裕のある敷地に全体の配置が好きなだけ遊んでおり、これがペートル会のやり方らしい。加算療養費のほうが勝手についてきたのだ。

「ああいう通知は、どぎゃん気持ちで、どぎゃん苦しんで、なんば求めて徘徊しとんなさるか、ちいうこととは関係なかとですよ。廊下グルグル回しとけば手もかからん、というわけでしょ。ばってんあんた、一回、あすこ回ってみんですか、グルグル。そいで楽しかろか」

徘徊は、夕方、ご飯が近くなると多くなる。家に帰りたいという気持ちからだろう。事実、園

（1）方向、場所、周囲の状況などを正しく理解する能力。

を出たら足は自然と自宅のほうへ向く。むろん、職員がつかず離れずついていく。出るのが自由となれば、いつ出ていかれるか緊張するのでは、と寮母さんの一人に聞いてみた。

「あまり緊張はしませんね」

担当さんがいるし、オムツ替えのときも食事でみんな集まられたときも、特別注意しているわけではないが、自然と全体に目がいく。流れが自然になってるから、一人欠けたらすぐ分かる。仕事の担当は一応決まっていても、たとえば事務方のチーフの林田さんだって、その場にいればオムツ替えもやる。一人の上にたえず複数の視線があり、誰もがどんな仕事でもよどみなくやってのける。

毎日、出ていく人がいた。出ていくのを止めたりすると、興奮して走りだしたり、次にはもっと強い意志で飛びだされたりする。後ろからついていくと、自宅にカギがかかっていた。どこも、たいがい家族は野良仕事や学校など外に出ているからだ。家の周囲を回り、どの入り口もカギがかかっていると、最後は郵便受けをのぞく。「ああ、これは家のお父さんに来とっとばい」と、郵便物を園まで持って帰る。帰宅したことで、後はすっかり穏やかな気分に戻る。

「徘徊といいますが、出ていくにはちゃんと目的があるんです。家の方向は分かんなさらんとでしょが、道はいっぱいあるから、どれか行けば自分の家に行き着くという気があるのではなかでしょか」

「外」を着る

ホームより老人保健施設のほうが比較的元気な人が多い。そのぶん老健での仕事は体力的にもきついから若い職員が多いけれど、ついていくだけでも息が切れるほど、きょうびの年寄りは元気である。車で二時間はかかる五木の山奥まで、なにがなんでも帰ると宣言された場合は、やむをえず、こちらも一工夫しなければならない。荷物を全部まとめ、出ていこうとしていたら、「これ、も一つ忘れとるよう」と、ふろしきに包んだコンクリート・ブロックを持たせる。ものの一キロも歩いてもらえばよろしい。ヘトヘトになったところで声をかける。「明日にしようか」「あきつかア、もう行くみゃあ」となって作戦成功。行動も疲労も徹底的に共有することで安心してもらい、落ち着くのを待つ。

最近は徘徊も少なくなったという。高齢化で体力が弱ってきたためではない。元気さでいえば職員たちより入園者のほうがむしろ元気だ。とりわけ女性。駆けっこしても追い付けない八十四歳が、いきなりパッと外へ走りだしたりするから油断ならない。ところが、園の前のよく車が通る道路を越えてまで出ていこうとはしないのである。別に隔離しているわけではないのに、屋外へ出たら園内をただ歩き回るだけ。そのうち安心し、Kさんのように穏やかな表情で戻ってくる。痴呆の人にとっては、外へ出ることが楽しい。そしてここには、いつでも自由に「外」がある。

それを確かめたら安心するらしい。

「入所のときみなさん、地味な服装でこられる。でもみなさん、年金も持っておられるから、いまばやりの明るいものに替えてあげる。すると、ものすごく生き生きとされる。きょう誕生会でしたが、女性はお化粧なんかすごいですよ。男性もですけど、おしゃれをするということは、自分はまだまだ元気だ、という感覚になられるんじゃないかな」

ホームの中でしょんぼりしている人に外出用の靴を履いてもらうと、とたんに生き生きする。見ているだけで楽しい。「どこ行こか」と声をかけると、気持ちもほぐれていろんな話になる。たったこれだけで、沈みこんでいた人が表情まで豊かになるのだ。

家族や保護者に許可をとり、服装もなるべく明るく清潔で新しいものを年金から買わせてもらう。見てくれがいかに大切か。表情が動かなくなったレヴェルの痴呆でも、「外」からの視線は意識できている。ただ、そのことを表現できないだけだ。

園に入ってくる球磨郡川辺川流域の人たちのほとんどは、体がきかなくなるまでの毎日、日が昇って、日が暮れるまで野良で働く生活をずーっとしていた。その感覚は、園にきてもたぶん一生消えないだろう。ベッドの上に立って、伸び上がり伸び上がりしている人。「柿をちぎらんといけん」とブツブツいいながら、一日中やっているという。出荷する柿の収穫作業をしているのだ。そうやって、働きづめに働いてきた人たちなのである。

「家族のためになんかせんといけん、という気持ち。見とると心ば打たるっでしょが」

あの臭いがない

ホームのドア開放のほかにもう一つ印象的だったのは、老人施設特有ともいうべき異臭がまったくなかったこと。取材のたびにあちこちで経験するが、排泄物の発酵した臭いが壁やベッドに染みついているようで、さほど強烈ではないがいつでも漂っているあの感じは、いまだに私は慣れきれていない。だから、覚悟を決めて赴いた川辺川園で、廊下から玄関に生けた草花の香りがホームの中までかよってくるのをひどく新鮮に感じた。臭いをどうしているのか。入所者の夕食がすんだ園で、寮母の岩崎さんと宮原さんにそのことを尋ねてみた。

「別に」

二人ともキョトンとしている。換気扇、ポータブルトイレ。ほかに脱臭剤とか消臭剤とかは使っていない。後始末の清拭《せいしき》をするため、厚手のタオルをおしぼりみたいに一つ一つ丸め、ヒーターつき容器でつねに温めて入れてあるだけ。お洩らしは鋭い臭いですぐ分かるから、寮母だろうが事務方だろうがそれこそ全員体制で、「それっ」とばかり立ち働く。よそに比べてうちはそこが違う、といった意識さえ二人にはない。ごく自然に体が動いている。

たまたまよその研修会に参加して分かったことだが、よそでは夜間のオムツ交換は二回と決めているところもあったそうだ。人員不足から割り算していってそうなったらしい。だいたい研修の場というのは、ペーパーづくりのうまい人たちが活躍し、どこも自分の良いところばかり見せたがるものだ。本音は、寮母同士でビールでも飲んでる席などでしか聞けない。それによると、川辺川園ではオムツ交換の回数がよそより多いし、夜間は二回きりといった変な決まりはない。また、紙オムツは使わず、みんな布製オムツであることもユニークな点らしい。

「なんで」

「やっぱ、紙より布のほうが気持ちよかとおっしゃるから」

「自分の親だったら、と思って」

「ここは混合棟で、痴呆棟というような特別な施設はありません。みんないっしょにいることが、なんか自然というか……」

川辺川園で（著者）

「家族なら一緒に生活するのがふつうですよね。社会でも一緒のほうがいいんではないか、と思うんですけど」

「そうかなア。オレだったら、時には家族から離れて独りでいたいことあるけど」

「でも、ここの人たちは、家族も一緒、部落も一緒という生活をずっとしてこられたから」

「ふむ」

オムツ交換だけでなく、皮膚に疾患があったりする人がいると、別に入浴時でなくても衣服をしょっちゅう替えてあげる。これで気持ちもよくなるし、異臭も消せる。

「でも、自分の親の世話だって触るだけでも嫌ってことあるでしょ。寮母さんになったとき、それ、抵抗なかった？」

いや、それはなかった、と異口同音に答えられて私は鼻白んだ。もしかしたら、家族同士より他人同士のほうがかえってやりやすいのかもしれないな、と思った。

「たとえば、保育園の保母さん。わが子でも二時間くっついてればイヤって気になる。しかし、一日くっついてるでしょ。なんだろう、とオレなんか思います。痴呆も重度だと知能指数が保育園児と同レヴェルだし、ワケ分からんこといわれたら、いつもニコニコとはいかんでしょ」

「そうですね。やっぱり、わがままいわるっときゃムカっとする」

「そうこなくちゃ」

「けど、やっぱり全員おんなじ、平等に、アノ、対応したいと思います」

「なんか優等生んごたるなア」

「いやいや、ほんとに、ねえ」

と、仲間同士、顔を見合わせた。ほんとかなァ、と当方疑ぐりながら……。しかし、寮母さんの誰かに聞いたこんなエピソードも思い出した。開園まもなくのころ、入園者の一人の容体が悪く、医院のほうにいた俊一郎先生が連絡を受けてやってきた。くるなり彼は、患者さんのオムツをパッパッと替えて診察をはじめる。慌てた職員が、「おむつ替えさせてすみませんでした」とあやまった。すると彼が質問した。

「なぜ、医者がオムツ替えたらいけんのですか」

みんな黙ってしまった。

「ぼくはきみたちに問う。なぜいけないのか」

つまり、これがここの原点なのだろう。ホームの入園者五十名に対し、寮母十四名、ケアする男性職員二名、看護婦二名、指導員一名のチームである。

ウンチのことは指導員の新川桂子さんにも聞いてみた。園がはじまったころに比べ、痴呆の程度もすすみ、年齢も全体の平均年齢が七十六・四歳から八十・〇歳と高くなった。重度のボケでも食べることはそう手がかからない。

「だから、痴呆の方で、いちばん私たちが原点に考えんばいけんことは排泄だと思うんですよ」

私がいままでの痴呆の取材で聞いたもっとも極端な例は、ウンチをビニール袋に入れて冷蔵庫にしまっていたおばあさんの話である。それについて新川さんはこういう。

「痴呆の方は、それがウンチだということは感じられなくて、ただ自分の周辺を自分で片付けようという気持ちでそうなさる。ここでもある方が、洋式トイレでオシッコしてその水で手洗いなさる。水が溜まっとるから洗おうという気持ちでしょうね。自分の始末は自分でしようとして。だから、一面でまっとうなんです。その方の気持ちから行動をとらえることが大事でしょう」

「冷蔵庫にウンチ入りのビニール袋を入れた話も、いまの話だと、ものを自分でしまおうという感覚なのだ」

「そう、そう」

食べることではそう手がかからないから、排泄が一番大事。時間をチェックしながら、「ちょっとトイレ行こかね」「行こう」と素直についてこられる。便座に座らせるだけでなく、なんか話をしながら。これで溶けこんで、こんどはウンチを教えてくれる。いってもらうようになればずっとラクだ。

行政の出番

「あすこ、ほんとに臭いがしませんね」

翌日、相良村役場へ行ったとき、応対してくれた福祉課長の小善満子さんもそういった。

「今度新しく議員さんになられた方が、福祉の勉強したいということで、その方たちと行政と一緒に施設のほうに行っていろいろ説明していただいたんです。たまたま徘徊の話になりまして、職員の人数が少ないと外に出て危ない、『外に檻でもして対策を立てましょうか』と話があった。そしたら礼子先生が、『そんなことする必要ない。それだけの人員を増やしてちゃんとするんだから』と厳しくおっしゃった。檻に入ったら、ちょっと人間みたいじゃないでしょう、施設は大切な人間生活の場だ、と。ああいいな、と私、感じたんですよ。施設長の発想がすばらしいですもんね。職員だって、自然にその気になってます」と、手放しの絶賛だった。

十二年前に特養川辺川園ができ、行政としてもそうした委託先・受け入れ先があるものだから、国や県などの補助で充実した福祉事業を委託させてもらってる、と小善さんはいう。

「むしろ施設のほうから行政に対し、こういうようなサービスがあると指摘していただき、こちらがそれに乗っかって受け入れたりしてる面もあるんですよ」

福祉面で勉強していただいているから、厚生省からの情報も私たちより早く入ってくる部分がある。県を通じてはまだこない情報も、実情として察知していることもある。

ふつう、どこも派遣ヘルパーさんは社会福祉協議会がもっているけれど、相良村ではいちはやくペートル会の在宅介護支援センターに委託し、村のヘルパーも支援センターの職員になった。全国でもめずらしいし、熊本県はモデルとして事業を移行している。おかげで、課としても仕事がよそよりやりやすい。

「施設長の礼子先生はじめ、理事長も力入れとんなはっとですよ。職員に勉強する機会を与えているし、週に何回か、仕事が終わった後やってらっしゃる。しかもペートル会外のソーシャルワーカーのMさんとか、球磨郡内のそういう人たちにも呼びかけ、行政にもその方たちから呼びかけていただいた。介護保険のケアマネージャーも、川辺川園はとてもよい勉強の場になるといっています。行政からはケアマネージャーの勉強の要請などしていない。あちらからの呼びかけです。

介護制度目当てのサービス企業参入も、ここの施設のサービスが徹底しているから問題にならないでしょう。入所者も、多くが川辺川園を希望されてます。それと、ペートル会には総勢一三〇名が働いておられ、村としてもこの雇用需要は大切です。なにより、地元出身の若い活力をキープできるうえ、福祉活動には欠かせない、情が通い、血が通った地域の特性を生かせます」

川辺川園の在宅介護支援センターを中心に、そっちのネットも行き届いている。それと地区の民生委員さんたちの月一回の定例会があり、どこかのお宅にトラブルがあればすぐ分かるし、すぐ対応するからほとんど洩れはない。村全体の様子が一目瞭然。支援センターの方たちに尋ねれば、様子がよく分かる。

「だからこちら、ちょっと安心しすぎている面もあるんですよね」

「行政と施設がそれほどうまくいってるのはなぜでしょう。前からそうでしたか」

「いえ。ここは最初デイサービスはじまったときなんか、それを利用する方がいなかったんですよね」

昔はお年寄りにトラブルが起きても、施設へ送ったら家の恥だという感覚が強かった。せっかくよい施設ができても、そんなふうでたとえばデイサービスでも事業として対象にする人数が規定より足りなかった。それで、同じ球磨郡の山江村と五木村、相良村の三ヵ村を一グループとしてスタートした。ところが、現在は利用したいという方がものすごく多くなり、いまさら山江と五木は引き抜いて下さいといえぬ状態だ。

「だって、いったん施設に入れれば家族もほんと安心して任せておれるし、デイサービスでも一回利用されると、ほんとはもういいんだがなアという方でも、楽しいんですよね。お食事したりお風呂に入ったり、そこでよその人と知り合ったりして、もう年寄りの幼稚園でしょ。なかなか引いてもらえないんですよ。だから、その楽しみを私たちがストップしたら、なんか生きがいがなくなるような」

川辺川園がサービスの現場をよくつかんでやっている。「私たち行政は、それにお金をつけるだけ」と、小善さんは謙遜する。そんなことはない。どんなにすぐれた施設でも、行政の理解あるバックアップは不可欠であり、この点、相良村の福祉面の充実は大いに評価されていい。

そのうえで、行政が独自にやるべきこともあるだろう。第一、人口六千人弱の村に保健婦二人というのは寂しすぎないだろうか。相良村では、福祉と保健とがなぜか別々の課に分かれており、これは小善さんら福祉課の守備範囲ではない問題だが、山積する仕事量を前に保健婦は、保健婦としての実務より事務方の仕事に追いまくられている実情がある。それも二人しかいないから、一人が産休をとるともう一人にその事務の山が押し寄せるという具合。住民検診は増えてきたし、子どもからお年寄りまでみる保健業務は忙しい。このうえ、公的介護保険制度スタートとなれば、保健婦の役割は決定的に重要だ。保健婦を事務処理だけでキリキリ舞いさせず、保健婦本来の職能において生かすには、二人ではやはり足りなかろう。

もう一つ。

静岡県の天竜保健所を中心に、浜松医療センターの金子満雄医師ら研究グループが、静岡県西部の山間にあるK地区を対象に、地域丸ごとの痴呆症のモデル検診を行ったことがある。ボケの程度を測るモノサシにしたのは、金子医師らが考案した浜松方式という「かなひろいテスト」と「MMS」の二段階のテスト法だ。「MMS」とは、ふつう知能テストと呼ばれよく知られている「WAIS（ウェクスラー成人知能テスト）」の縮小版で、アメリカにおいて開発された方法（二二一ページのコラム参照）。

K地区の高齢者全員に呼びかけ、検診した結果、受診者二一四人のうち五十三人、四人に一人の早期痴呆（浜松方式では前痴呆レヴェル）を判定した。そのテストの成績と、個々の生活実態とがよく合っていたところからトレーニング法を編みだし、五年間で改善例五十七・九パーセント、ボケがそれ以上進行しなかった効果例を合わせると八十一・六パーセントという結果を得た。

その後、長野県伊那谷の下條村からも、飯田保健所と村当局からの要請を受け、高齢者全員を対象に「かなひろいテスト」と「ＭＭＳ」を行い、それに基づくトレーニングとして「ぼけ予防脳刺激訓練教室」が開講した。人口四〇〇〇人の村で、寝たきりゼロというめざましい成果を上げた。村民の強いモチヴェーションに支えられ、訓練教室はもう十年間も続いている（拙著『ボケ　明日はわが身』主婦と生活社、一九九五年を参照）。

「ボケ」という言葉は差別的とされる。だが、静岡Ｋ地区であれ伊那谷・下條村であれ、人びとは「ボケ」をその人の人格とかかわりない脳活性化訓練の数値的な把握、たとえば握力や肺活量と同じように認識し、日常語にしてしまった。脳梗塞などが引き金となった血管性痴呆と違い、圧倒的に多いアルツハイマー型痴呆の場合、ボケは突然でなく必ずボケ「以前」の時期をへてやってくる。多くの場合、「以前」の兆候を見逃しているため突然ボケたように見えるだけのことだ。この「以前」の時期にはボケ予防が可能だし、あれこれの訓練はきわめて効果的だ。小善さんの指摘のように、ここでボケの「元栓を閉める」ことが決定的に重要だし、それは可能である。だが、これは一研究グループや施設だけの力でできることではない。下條村の例は、住民のプライバシーにかかわりつつ公的にアプローチできる行政側の仕掛けの必要と、行政独自の取り組みの必要とを実証している実例だろう。

村の老い

礼子先生が相良の生き字引と呼ぶ江嶋邦子さんは、在宅介護支援センター川辺川園のソーシャル・ワーカーである。ヘルパー派遣業務が村から委託されており、江嶋さんと看護婦の常勤二人にヘルパー六人がいる。ヘルパーは、一人で一日四軒から六軒回る。午前中三時間、午後から三時間だから、移動時間を引くと一軒当たり平均一時間かかる。相良村全域を、このシフトではかなりしんどいはずだ。

行政を通してヘルパー派遣の許可が出ると、そこの家へ一週間なら一週間、予定を組んで活動することになる。それまでの段取りを支援センターでやる。「困っている家がある」という連絡は村役場にいくが、直接センターへくるケースも多い。連絡を受けて江嶋さんが出向き、ヘルパー派遣が必要か、デイサービスとかデイケア、訪問看護など、その人の状態に応じたサービスを組み合せ、調停したり申請したりし、許可が下りて支援活動スタートとなる。

一番古い緒方医院からはじまって、特養、デイサービス、デイケア、全国に先駆けての老健施設サンライフみのり、在宅介護支援センター、訪問看護ステーション、と医療と福祉の必要の順にそれにこたえつつ「社会福祉法人ペートル会」の組織ができていった。

「理事長が往診活動とか、なんしろスキですからね。そうしていくうち『やはりこういうのが必

デイサービス・センターで（井上）

要だ』と、だんだんと」

山間の村から若い人がいなくなると、人びとは急速に老いていった。ここの施設はそれにつれて拡充されたが、それでも現実の需要に充分見合っているとはいえない。

「老人ホームに入る前にかなり時間がかかるんですよ。入所申請をして認定が下りてから入れるまで早くて一年六ヵ月、二年以上待たれた方がいる」

特養ホームはどこも、回復して出られる人が少ないから、どなたか亡くなられないと順番が回ってこないという事情がある。だから予測がつかない。その間二年なら二年、どうやってつなごうか、というのも江嶋さんたちの仕事の一部だ。そんな状況だから矛盾も出てくる。

「寝たっきりになりまして、家でどうにもできません」といってこられたとき、「じゃすぐに来て下さい」とはいえない。ショートステイ事業が二床しかないし、運よく空いていても、一週間かせいぜい二週間以内で果たしてどれだけのことができるか。介護疲れとかいろんなケースがあるけど、その疲れだってとれるかどうか。病院に入院している人の場合、とくに大きな病院とか公立病院となれば、そんなに長く入院させておかない。急に退院勧告され、果たして家ですぐ介護ができるかどうか分からない。その間のつなぎとして、家庭復帰を目指すための生活リハビリをするというのが老健施設の目的だ。でも、ここも空いていず、なかなか入れない。

民生委員十三人と商店街の人たち、部落の事情を把握できる人とか、婦人会関係の方、老人会関係の方、地区の区長、班長による三十四人の相談協力員がいる。暮らしの様子、店に来られた様子などから、どこのだれに痴呆がはじまっているようだ、というような情報はただちにここへ届く。人口六〇〇〇人弱の村の、四人に一人が六十五歳以上の高齢者である。高齢者は一九九五年（平成七）四月現在一三一五人だから、三十九人に一人の相談員がいることになる。

「四人に一人の高齢者となれば、やっぱりボケが多いでしょう」

「はい。加速度がついて増えてきました」

痴呆症状が出てきたとき、意外に家族は気づかないことが多い。痴呆の特徴は表情が乏しくなることと創意・想像力の欠落だが、ワンパターンな対話ですます家庭環境では、かなりすすんでも周りに発見されにくい。

「ヘルパーさんが訪問して、よく最初エッと思うのは、物がなくなったっておっしゃることです」

ヘルパーが金や預金通帳を盗んだ、と疑われる。家族のほうがギョッとする。そうなるまで、家族はまだ気づいていない。「そういえば最近、話に辻褄が合わなかった」と、やっと思い当たる。注意して見ていれば、今までの行動と変わったことが出てくるはずだ。服を着る順序が逆になっていたり、いまどきの若者じゃあるまいし長袖の上から半袖着ていたり、着るのに戸惑っていたり。ヨメがヘソクリ盗った、盗らないのトラブルを起こしたり。だが、家族はおおむね甘いし、家の年寄りのボケを認めたがらない。すべて年のせいにして、異常さに慣れてしまう。

ボケ予備軍が出てきた段階で、小善さんがいうように元栓をしっかり閉める必要がある。ここで止めればボケは止められるのだ。だが、いくら行政からの委託といっても支援センターでは限度がある。住民にとってなんといっても信用度が高いのは行政であり、そのレヴェルからたとえば保健婦の巡回活動がされ、彼女たちの眼が行き届くことになれば、住民にとっても、痴呆の療養費にかかわる村財政の圧迫に対しても、きわめて有益だろう。

「ここの人たちはまじめだから、年をとって体がだめになるまで頑張るでしょう」

ホームのベッドで柿の収穫作業をしていた人の話を思い浮かべながら、そう尋ねてみた。

「はい。我慢される方がまだまだ……。村の委託を受けてヘルパー派遣をオープンした当初、ここに座っているだけでは仕事にならないと思ったから、こちらからどんどん出掛けていきました。八十歳以上の方とか寝たきりの方、独り暮らしの方、老夫婦のみの世帯の方など、定期的に回らせていただいてるんですよ。つねにある程度の把握はしとくということで。いまのところ人口が少ないせいもあって、そこのところも十分にできてます。だからここへの電話相談とか行政側からの連絡で、どこそこのだれだれさんと聞くと、ああ、とすぐ顔が浮かぶ。どこの区か聞いただけでも、ああ、あそこの家かな、と」

しかし、これでもまだまだ行き届いていないそうだ。やっぱり村の保健婦さんの巡回活動と協力し、隠れたニーズがもっと引きだされなければ、と彼女はいう。働くことだけを生きがいに、「ダメになるまでがんばる」人がまだ多いからだ。

ほかの地域と比べ、行政との密接な連絡ということではうまくいっている。役場にはしょっちゅう顔を出してるし、月一回は「相良村在宅サービス」といって関連のところは全部出てきて、社教・福祉・衛生の各課が参加してくれる。しかし、ヘルパー派遣でもそうだが、それにあてはまる条件でない人たち、外れる方たちだって同じようなサービスを提供する必要があるというケースがいっぱいある。いまリハビリが必要なら、いまそれをしないと意味がない。いまは行政に申し出て認めてもらっているが、たとえば、ある程度の障害があって家事能力が劣っている人たちへのヘルパーサービスとかだ。デイサービスでも、行政のサジ加減で六十歳未満の人でも認めてもらえるんじゃないか、と年齢制限に「概ね六十五歳」とある「概ね」のところに寛大な解釈をしてもらったりしている。

いまの社会では、四十歳すぎくらいの若さでも障害をもつ人が多い。脳卒中、クモ膜下出血、それらの後遺症など、若年化する傾向があるからだ。相良村の場合、そういう点、だいぶ寛大に見てもらっているが、中にはせっかく相談があっても年齢制限で切られた人もいる。また、よその市町村の人が、自分の地域の施設から「お宅は六十五歳未満だからリハビリは受けられません。六十五歳になるまで待って下さい」といわれ、切羽詰まって川辺川園に助けを求めてきたケースもある。ここだったらどうにかしてもらえる、と噂で聞いたそうだ。その人は、老人医療受給者証をもつには年齢が「足りず」、規則上は該当しない。

「でも、うちの理事長の考え方は、条件がどうのこうのじゃない、困ってる人や弱ってる人を見逃してはいけないということ。その信念で、私たちも教育を受けてきてます」

そこで理事長に相談し、ボランティアで数年間、交通費というか送迎の費用だけ出してもらってケアした。そんな例がいくつもある。

「トップの考え方がこうだから、私たちにとっては仕事が思いきってやりやすい」

こんな相談でもいまは行政からこちらに「いまこうして相談に来られたが、できたら役場にきて一緒に話をしてもらえないか」とか、「電話があったから、訪問してちょっと状態を見てきてほしい」とか連絡がある。役場の窓口というか、出張所みたいな役割もいまはここでやっている。

ただ、サービスを受けるための適格条件や規則に外れて困っている人は年々増えている。そこへ手を差し伸べる分、施設の負担も増えていくわけだ。年々重たくなっていく村の老いを、この施設でメいっぱい頑張って支えている構図が浮かび上がってくる。

医療と地域社会

江嶋さんから、「往診活動がなんしろスキ」と評された緒方俊一郎医師。なるほど、つかまえるのが大変だった。緒方医院待合室でやっと取材できたのが、一週間追い回した後の、ある日の午後八時である。

「別にスキなわけじゃないんですが」

破顔一笑したが、いまどきの中年日本人にはめずらしい、笑顔の美しさが第一印象だった。

緒方俊一郎医師

「この医院を核にして、現在の施設をもつシステムへ移行していかれるきっかけは何だったのでしょう」

「別になんちゅうことはないんですよ。開業医としての仕事をしていてですね、往診先で患者さんを診ます。すると体も周りもウンチまみれで、食事時でも家には食べるものもない、あるいは鼻をかんだ紙を、寒いからストーブつけてるそのストーブの上で乾かし、乾いたらもう一度使うというような、そういうお年寄りがいたりするわけですよ。ケチというよりボケ。紙に火がついて危ない、などと思わない。そういう人は、家族があまりかまわないとか、独り暮らしとか、つまりそれだけ老人が増えてきた環境で生活してるわけ。役場からホームヘルパーを派遣しても、医療的な目配りはヘルパーには無理でしょう。といって、家族がいてもだれも見てくれない家に一人置いとくわけにもいかぬ。僕らが行ってお風呂に入れたり、部屋の掃除をしたり洗濯したりして、おしめを当てて帰ってくる。ご飯も、そこらにあるものを食べさせて帰ってくる。これはもう医療の問題じゃないな、ということから、じゃ特別養護老人ホームを造ろうとなっていった」

「もともと、ここでの医療活動の中には福祉の領域をふくんどった、といえませんか」

「うちが代々やってきた医療活動というのは、そんなものだと思ってますね。まだ小さいとき、医師だった父親につれられてよく往診に行った。山の中の、車を降りてから一時間ばかり歩いていかねばならないような場所もある。『ようこげん山ン中に来てもらいました。ありがとうございます』と泣かれるんですよ。わざわざ新しくご飯を炊いて、猪の味噌漬など焼いて、焼酎まで出して歓待してくれて。谷川に発電機すえて電気をとってあるんですが、電灯がポカーッ、ポカーッと蛍の光みたいなんですよ。『こら電気の暗かで、ランプば点けまっしゅ』といわれる。石油ランプのほうが明るかった。そういうのが印象に残ってます」

「いまは車でどこへも行ける。病像《びょうぞう》だってコンピュータで出せる時代だけど、ここでは病気がちゃんと人格をもってる……」

「そう。人が病気をするんですからね。そして、医療は医療だけで成り立つのではなく、地域のいろんな絡みあいの中にあるんだと思う。たとえば、農業は非常に大事なものです。まず食べ物がきちんと、いいものが確保されないと健康は保てない、これはもう常識。そのためいろんなこと考えていく必要があるわけで、それも医療活動の一部だと思う。私たちはいま川辺川ダム反対やってるけど、ダムで川の水が汚れるか汚れないか、地域経済は潤うかどうか、問題はいろいろ。さらに大きいのは、ダムで引き起こされた社会関係の歪み、これを考えるのも医療活動のうちです」

経世済民と信仰の背骨

「さっき、うちが代々やってきたとおっしゃった、その『代々』について話して下さい」

「それをいうとですね、うちの系図の最初は桓武天皇からはじまるんですよ」

「そんなの信じられんなア。だってどこの家系図もすぐ源平藤橘のほうへ線を引っぱるし、そこから皇統にくっつけるのは簡単でしょ」

「いや、平家は平家だったみたい。五家荘からここへ来たんですが、その前は大分県の竹田市の隣にある緒方町ってとこありまして、ここから来たから家の姓は緒方なんです」

もともとは、平清盛の三男清経(?〜一一八三)が緒方家の先祖。壇ノ浦で敗れ、散り散りに逃げまどった一族のうち、清経は四国をへて九州に渡り、現在の緒方町にいた豪族緒方氏にかくまわれて女婿となった。それでも鎌倉幕府の追討が厳しく、さらに九州山地の尾根づたいに逃げてきて、結局、白鳥山《はくちょうざん》の麓にいったん住みつき、そこから五家荘へ下りてきた。ここには、菅原道真を祖とする先住の左座《ぞうざ》一族が藤原氏の追討から逃れてきて仁田尾《にたお》、樅木《もみぎ》を開き、後からきた清経の孫三人が緒方姓を名乗ってそれぞれ久連子《くれこ》、椎原《しいばる》、葉木《はぎ》に住み、以来この五つの集落を「五家荘」と呼ぶようになった。

「うちの直接の先祖になるのが、五家荘椎原の庄屋を代々やって屋敷も現存しますが、泉村が買いとって復旧し、いまは観光ポイントになってます。その椎原緒方の家系図を私のオジが写してきて、うちに伝わってます」

桓武天皇から平清盛、清経と現代まで連綿と続き、少なくとも五家荘からこっちの系図は事実だし、緒方姓の由来や平家の流れだったことまでは押さえられそう、という。

「椎原の緒方家の、私から世代でいえば五代前、医者の継承からいえば六代前が、五家荘からいまの東京医科歯科大学の前身である医学校に行った。いまから一七〇年前、江戸末期の話です。医者になって帰り、五家荘で二十年くらい開業しました。それから、なに思ったか知れませんけれど、このペートル会の川向こうに移って開業した」

それが一五〇年前の話である。川辺川をはさんで赤い屋根の建物があり、昼間はたしか「なつめ保育園」の看板を見かけた。医師としての初代がそこに、六代目の俊一郎先生が一〇〇メートル余りの川幅を隔てた左岸にいるわけだ。

緒方俊一郎の祖父にあたる四代目は、はじめ岡山の師範学校へ行き、十代で教師になった。ところが、親には黙ってこっそり長崎医大を受験しに行き、合格してから親に報告した。いったん教師になってから医者になったのは、医家代々の正統を志したのだろう。

そのころ、祖母と知り合い結婚する。彼女の名は織加《おりが》。ロシア正教のクリスチャン・ネームでもある。父親は福岡・柳川の立花藩の元藩士でロシア正教の伝道者だったから、彼女も早くから入信している。彼女の母親、つまり俊一郎の曽祖母は熊本市にいて、孫たちすなわち俊一郎の父や父の兄弟たちの世話をしながら学校へ通わせた。だから五代目である俊一郎の父と、そのイトコ同士である北御門二郎（一九一三〜。翻訳家・農業）とは一緒に旧制中学校へ通っていた。

北御門二郎は、一九三八年、兵役拒否をしようとして検査場で狂人扱いされ、兵役免除となった。以後、東京帝大英文科を中退し、熊本県水上村で、半ば自給自足の農業をしながら訳業に励み、八十七歳の現在まで、絶対的非暴力主義を貫いている。著名なトルストイ研究家であり、トルストイ全訳の業績でも知られる。

熱心なクリスチャンだった祖母は、家族をみんな信者にし、夫も最後には入信させた。地域の仏僧たちとよく議論して、しばしばいい負かしていたそうだ。時は昭和のはじめである。白樺派の残照も、まだ若い彼女の顔を輝かせていたことだろう。

「私自身、子どものころからそういう系図みたいなものが意識にあって、良くも悪くも代々のいろんなものが積み重なって、自己形成してきたと思いますね」

曾祖父が、土地でも有名な頑固ジジイだったそうだ。

「緒方家の医者を継ぐものは帝大（現在の九州大学）を出とかにゃいかん。田舎には医者が少ないんでバカがなってはいかんから。それがでけんかったらコエタゴ担げ」と、つねづねいっていたらしい。俊一郎先生の九大志向も、すでにこのあたりからシフトされていたわけだ。つねに「経世済民」が念頭にある家系。近代になってからは、祖母織加《おりが》のもたらしたキリスト教信仰がその背骨になっているのだろう。

「同じ医者でも九大卒のいわばエリート医者が、いくら自分の家があるったって、なんでこんな山深い田舎に引っこんだんです」

「それはやっぱり……どういったらいいんでしょうね。一つは父の影響があると思う」

緒方俊一郎の父である五代目は、軍医になってから結核をわずらった。当時はストレプトマイシンなどの抗生物質もなく、結核の治療法といえば、よい空気と栄養とひたすら寝ているだけの「大気安静療法」しかなかった。彼は自分の医院の、当時木造だった病室に何年間もじっと寝ていた。子どもさえそばに寄せつけず、しゃべるにも窓越しだった。元気になると、「軍隊に行っていて勉強ができなかったから」と熊本大学医学部に行き、薬理学教室で研究生活に入った。

それが一段落するころ、この村の農協が組合長の乱脈経営で潰れかけた。金融業に堕してしまった現在と違い、当時の農協はもっと切実に農家の死活に直結していた。県会議員や農家の人たちが彼の実力を見こんで「なんとか農協を再建してくれ」と毎日頼みにくる。まだ中学生だった息子に父は、「おれは農協の再建をせにゃならんごつなった。おまいたちはそこの橋の下に住まんばんごとなっかも知れんぞ。覚悟せェ」と言いきかせたそうだ。それから毎日、医者の本業そっちのけで農協へ通いつめ、必死に活動しはじめた。

朝五時、谷間はまだ暗いうちに出ていき、マイクを握って「地区のみなさん、農協再建のため、一円でもいいですからお願いします」と農協への貯金を呼びかけた。一緒に立った職員たちをつれて帰り、妻に朝食をつくらせて振る舞い、それから出勤させる、といった明け暮れ。それで、見事農協を再建させた。一九六〇年のことだ。六角井戸にあるこの水道の顕彰碑に、彼は農協の組合長として名を連ねている。

その後彼は、人びとに推されて村長に立候補し、当選する。そのころ息子は九大医学部を卒業し、医者になってようやく研修を終わるところ、国立病院に就職も決まっていた。

「ところが、帰って村で医者をやれと父がいってきたんです」

「素直にハイっていいましたか」

「全然。だって、ようやく水俣病という研究テーマを見つけたし、神経内科という新しい専門分野に興味をもってたから」

そういう研究仲間のいる国立病院へ行けることになっていたときの「帰ってこい」である。だいぶ考えたけれど、親がこれまで苦労してきたこととか、小さいときに刷り込まれた——みんなのおかげで熊本の学校へ行けたし医者にもなれた、その地域の人たちに尽くさねば、といった意識がある。父親が村長になることがいいかどうか、選挙に勝てるかどうかも分からない。村長なんて自分でもあまり乗り気ではなさそうだけど、周りに推されてやむを得ない状況らしい。となれば、だれかが医者として村にいなければならぬ。

そうはいっても、帰郷当初は父親とあまり話もせず、ふてくされていた。父の選挙も、だいたい選挙のああいうハシカみたいな熱狂が、医者に求められるクールさと合わない感じ。あの、独特な人を煽り立ててやまない雰囲気、自己宣伝と排他主義。どうにも好きになれなかった。

「ただ、これは自分の仕事だから、と自分にいいきかせて患者さんだけは診ていた。ちゃんと医者してましたよ」

日和見主義

「でも考えましたよ。いったい、医者の本質ってなんだろう。というのは、父の選挙以外に、そのころいろんな事件がありましたからね」

水俣病もその一つだし、カネミのライスオイル事件もそう。事件とは、カネミ倉庫株式会社が製造した食用米ぬか油に猛毒ＰＣＢが混入し、一九五八年十月時点の届け出数だけで、二十三府県一万四四四人の被害を出した事件である。このころカネミ事件では、九大の当時講師だった人物が、世間で騒ぎだすよりかなり早い時期に「カネミ油症」というのを見つけていた。しかし彼は、中途半端に発表すると自分の研究業績がきちんと出ないから、症例をもっと集め、タイミングをはかって発表すれば、将来、研究者としての位置も安泰だというようなことを考えた。

自分の功利のために医学を利用した。そのため、みすみす多くの人たちがカネミ油症にかかり、苦しむのをだまって見過ごした。ある教授が学会で発表した論文に、一人の患者のデータではたいした症状ではないのに、二人の患者のデータを一人分として合わせ、「典型的な」症状をねつ造し、教え子の研究者から追及された事件もあった。学生たちによる東大安田講堂占拠とか、九州大学の電算センターに米軍のファントム戦闘機が落ちるとか、いろんな事件があった。

サリドマイドの子どものことを考えようというサークルで車を二十三台連らね、「マッチ売りの少年隊」という九州一周のキャラバン隊をやったり、「ウェルフェア（welfare：福祉）・ショー」という名前のチャリティ・ショーをやって、益金を子どもや障害者の施設に届けたりした。いやでも、自分の研究や学問を社会状況とのかかわりで考えざるをえなかった。「じゃ、どういう医者になるか」というのがいつも議論になった。ここから水俣病に関心を寄せていくのは、自然な成り行きだった。

ちょうど水俣病が世間的に注目され、補償を求める裁判もはじまった。

「水俣のお隣みたいなところに住んでいながら、あすこのこと全然知らないし、医者としても水俣病のことは学ぶべきじゃないか」ということで、熊本大学の原田正純助教授のところへ行ったら、原田さんに「おれんとこ来るより、直接水俣の現地に行ってみろ」といわれた。

「それから水俣に通うようになりましてね。まだ、九大で自主研修していたころだったから、福岡から毎週日曜日たんびに行きました。友人や熊大の地域医療研究会の学生らと一緒に合宿したりして」

「神経内科が水俣病とどんな関係あるんです」

「水俣病が、はじめは有機水銀により末梢神経がやられて知覚障害を起こす、というふうにいわれたんですよ。ハンター、ボンボード、ラッセルの論文(2)を熊大で見つけ、それを裏付けにしたのですが、後で考えると、ラッセルらの原文をきちんと読んでいなかったらしい。でも、一応そういう神経症状があることから有機水銀による中毒症状であり水俣病だ、という見方は確立した。で、原田正純さんなんかは、従来、有機水銀が胎盤を通過することはあり得ないとされていたのに、発症例を挙げ、有機水銀により胎児性水俣病が発症すると発表した」

〈私にとって、水俣病をつうじてみた世界は、人間の社会のなかに巣くっている抜きさしならぬ亀裂、差別の構造であった。そして私自身、その人を人と思わない状況に慣れ、その差別の構造のなかで、みずからがどこに身を置いているのかもみえた〉と、原田さんは『水俣病が映す世界』

（日本評論社、一九八九年）という大仏次郎賞受賞の評論に書いている。各地の開発をめぐる問題や紛争、公害事件、職業病、労災もまったく同じ、世界的規模でも先進工業国と発展途上国の間、貧困、人種問題、地域紛争どこも同じ、差別こそが地球的規模で環境を破壊し、人間を傷つけ、胎児を殺戮し続けている。

〈水俣はまさに鏡である。そこに映してみることは世界を映すことになる。いまほど水俣をみることが必要なときはない〉と原田さんはいう。

「これは、若い私らなどの研究と社会についての考え方も代弁していました。

だけど不思議なのは、水俣病を一番早くから診てきたはずの地元の医者たちが、自分にもある症状が水俣病からきたということをいわないこと。彼らだってよく魚釣りに行くし、毎日水俣湾の魚を食ってる。当然、手が痺れるとか、視野が狭くなるなどの症状が出ていたんです。にもかかわらず、自分が水俣病だといわない。どういう事情か知らないけど、熊大の医師にも水俣病という診断を出そうとしない人がいた。切羽詰まった人びとが、黒い旗を立てて街頭行進したころ、僕は『水俣病』とする診断書をだいぶ書いた。その診断書について盛んに反対意見をいうのが僕

（2）一九四〇年、イギリスの三人の医師が出した、メチル水銀中毒例の報告。一九五四年、ハンター、ラッセル共著の『剖検所見』とともに、有機水銀農薬工場の中毒症状を報告した。のちに「ハンター・ラッセル症候群」と呼ばれた。

の上司にあたる教授だった。運動をしている人たちや水俣の患者さんも、地元の病院ではろくに相手にされず九大へ診療にみえた。

医者なんて大したもんじゃない、ということを思い知らされました」

神経内科という分野はあのころまだ比較的若い学問だったが、ちょうど三池炭鉱の炭塵爆発事故（一九六三年十一月九日。四五八名死亡）で、坑内にいた多くの人に一酸化炭素中毒による神経症状が出ていた。水俣病と三池の一酸化炭素（CO）中毒のどちらも神経学的な問題だし、神経内科がいっそう脚光を浴びるようになっていた。

「私が卒業したころ、九大の神経内科はできてまだ二、三年でした。そのころ水俣に一緒に行っていた先輩・友だちと一緒に、神経内科で自主研修というのをはじめたんです。自分たちで勝手に潜りこんで、若い先輩（無給医局員といわれていた）が応援してくれましたから、彼らに習いながら神経学の勉強をしていた。

そうして毎日顔を出していると、教授もわれわれに愛着が出てくるのか、そのうちに、『おい、お前。ちょっとここ（神経内科）に残らんか、必ずどっかの教授にしてやるから』といわれた。おとなしく『ハイ』といっときゃよかったものを、そうしたら私の人生は変わったかもしれないのに。『いや、もう私はそういうことはいたしません』と答えてしまった。べつにその時点で、父親に相良村へ帰れなんていわれてたわけではないんですが。

卒業してからも、教授会と団交などやってましたからね。ぼくらの先輩なんかが中心になって、教授に対し、あんたたちがやってる論文はメチャクチャじゃないか。どうするんだ、患者さんに謝れ、とか徹夜でやる。向こうはいいオジイチャンたちだから、いいかげんくたびれてくる。そこがつけ目で攻めたてる。そういう時代だったから、大学の神経内科に残って教授を目指すといった『日和見主義』的態度は、死んでもとれなかった」

ミカン色の円光

村に帰り、父に代わって診療活動をはじめてみると、やってくる患者の様子が大学の外来とだいぶ違う。農薬による中毒がいやに多いのだった。もうホリドールなどは使っていなかったが、有機水銀もまだ使っていたし、サリンの仲間の有機リン系や、それに症状の似たカーバメイト系の中毒が起きている。自分の撒いた農薬で倒れ、往診を頼んできたりというようなことがしょっちゅうあった。そのうち、肝硬変にかかる人が続出しはじめた。よく調べてみると、肝硬変はかつて使われたホリドールに中毒したことがあり、そのときは亡くならずに助かった人たちに集中している。ホリドールも有機リン系農薬で、サリンほどではないが毒性はかなり強い。中毒して助かっても、十年ぐらいたってから肝硬変になりバタバタ死んでいった。緒方医院だけではとても手が足りず、そんな人たちをよその病院へ回すと、「なん、これは球磨郡から来たつだから、焼酎の飲みすぎタイ」という。

「よその地区の医者は事情知りませんからね。だけど私はここで、患者さんたちがどれくらい焼酎を飲むかぐらい日常的に見ている」

いくら球磨焼酎の名産地でも、だれもが酒豪であるわけはない。ほとんど飲まない人や宴会で付き合い程度にしか飲まない人でも死んでいるのだ。タバコをずっと十年も二十年も耕作していて、飲む焼酎の量は平均的なのに、肝臓のやられ方が激しいとなれば、タバコ栽培に使う農薬の影響と見るほうがごく自然だ。

こういう直感も水俣病を研究させてもらったおかげだが、そんな地域医療の問題だけでなく、水俣病そのものの正確な医学的解明さえ、現在でもまだ終わったとはいえない。

「最近になって、ぼくらの仲間が新しい事実を発見してるんです。さっきお話したラッセルらの論文は、実は有機水銀による障害は末梢神経じゃなくて、脳の障害だってことをいってるんですよ。末梢に起こってきた障害も、大脳がやられてるからそういう症状が出てきた、とラッセルらはちゃんと書いてた。それを熊大の研究班を中心とした日本の水俣病研究班の人たちは知ってか知らずか書いてない。いままでいってなかったわけ。今度、浴野成生教授によって新しい解剖学（第二解剖学部）が熊大に誕生したんですけど、彼がわれわれも一緒に資料集めをした部分もふくめて、独自の研究をやりましてね。僕らが水俣の症状の出た人たちみんな水俣病じゃないか、といってたことを証明してくれてるんですよ」

こうしていまも「水俣」が俊一郎先生の意識の底にあるから、川で背骨の曲がった魚が獲れたと聞けば、これは農薬の影響か合成洗剤の影響かとすぐ考える。学校へ行って子どもたちの健康診断やると、背骨の曲がってる子がいる。これは魚の背骨が曲がってるのと原因は同じでは、とか。自分一人で手が足りず、突き止めてないのが歯がゆいけれど、気になって仕方がないそうだ。

「ぼくらは昭和六十年ぐらいから十年間、ここで『食べ物と健康のつどい』っていう研究サークルをやってました。そこで合成洗剤とか農薬の問題、ゴルフ場の問題とかいろんなこと取り上げて……」

ここで私が重松さんから聞いた、山江村のゴルフ場反対運動の話とがつながった。ゴルフ場に撒かれる農薬や草ころし（除草剤）は、ペートル会施設のすぐ上流あたりへ染みだしてくるはずだった。そして、バブルがはじけるころ、この「食べ物と健康のつどい」の延長に川辺川ダム問題と、ダム反対の気運が盛り上がってくる。礼子先生は、現役村長である舅に対し、「おじいちゃま、このダムはいけんと思う。だから私は建設反対運動する」と、はっきりいった。

「礼子さん、（反対運動は）せんどってくれい」

義父は泣いて頼んだという。だがその後、村長三期半ばで肺癌にかかった義父は、礼子先生を死の床に呼び「欲しかったもんは全部とった。もう反対運動してよかばい」といった。橋や道路、灌漑水路など、ダム受け入れと引き換えに村で必要な国からの事業はみんな付いたからだという。

俊一郎先生を中心に、毎週ペートル教会に集まって、ダム反対派の会議や学習も開かれるよう

緒方医院玄関（井上）

になった。サークルのほとんどは地域の人たちだった。川辺川園のそばに建つ教会は、もっぱらそんな集会に使われている。俊一郎先生の考え方からすれば、これも彼の医療活動の一部なのだろう。教会が教会として使われるのは、年に一度、鹿児島から神父さんが呼ばれるときくらい。ふだんの礼拝は緒方夫妻も人吉の教会へ出かけているし、施設のクリスマスも、日本のどこでもやっているような、宗教臭のないふつうのパーティを施設内でやっている。

取材が終わって辞すとき、俊一郎先生は私を医院玄関まで送ってきた。

「以前、朝起きて見たら、ここにネズミとか鳥の死骸がありましてね」

笑いながら玄関先のコンクリート床の上を指さす。それはどういうことか。緒方医院の敷地はコンクリートの塀が囲み、その表門からは庭を十メートルは歩いて玄関へ至る。表門は夜中でも開けてある。ネズミや鳥の死骸が玄関の床にあるのは、だれかが持ってきてそこに置いたとしか考えられない。肌がざわつくような気味悪い話だった。そういえば、川辺川ダム促進派の某国会議員や某県会議員らが、ペートル会なんていつだって潰してみせると豪語したという噂を私はあちこちでたしかに聞いていた。ネズミや鳥の死骸は、むろん議員らの仕業とは思えないが、ダム反対派への攻撃的インパクトはこの地域での現実であり、めずらしくはない。

私が宿舎へ戻る道は、医院と隣接する緒方宅の敷地の外回りに沿っていた。街灯のない夜道の暗がりを歩いていると、突然、携帯サーチライトの強い光が追ってきた。自宅の窓に俊一郎先生らしい影かたちが動き、ライトはそこから照らしている。こちらが移動するにつれ、光源は緩慢な灯台のように窓から窓へ移りながら、ミカン色の円光がこちらの足元をとらえにきた。この人の人望や、彼について話すときの地域の人びとが素朴に示す好意は、経世済民の家柄とか信仰とは別に、たぶんこうした優しさからくるのだろう。

トトロの山

南国とはいえ、谷間の十一月の早朝ともなれば川風が寒い。私は例によって散歩に出、そのときは川辺川園から下流の川辺川の左岸を下っていた。園から半キロの距離に相良三十三番観音「上園《うえんそん》観音」がある。入園者にとっての春秋の彼岸の楽しみは、そこまでの「遠足」なのだそうだ。歩ける人、車が三ついてそれを押して歩く三点歩行器の人、ワッカの中に入る四点歩行器、車イスの人も一緒に出かけるとか。

一神教のロシア正教と多神教の仏教とは矛盾しないか。礼子先生にそう質問したことがある。キリスト教系の施設は全国にあり、その中には仏教徒の入所者にミサや礼拝を行っているところもある。彼らにとっては非日常的ではないか。

欧米のキリスト教文化圏では、もともと保育園も病院もホスピスも教会からはじまったという歴史がある。神と人とをにわかに分かちがたい。ところが日本人には、年に一度神社に群れる元旦行事こそあるものの、神様と個人とがつねに一対一で向い合って生活している感覚は乏しい。「religion」とは宗教団体・組織の意であり、「faith」とは信仰・教義、「believe」とは信じるの意であり、英語であれば概念がそれぞれはっきり区別されている。しかし、日本語の宗教と信仰とは、しばしば同義であり得る。正月の神社参拝も、信仰というより宗教的な、それもかなりパターン化した生活習俗であるからこそ、現代日本人の精神不在に見合って大いに賑わっている。

「それとどう関連してるか分かりませんけど、主人と私、すごい論争になりまして」

「どっちもクリスチャンでしょ」

「そうですけど。私のいい分は、ここに来られる方のほとんどが仏教徒だということです。その人たちが最期のときを川辺川園で迎えられているわけだから、主人に談判したんですね。やっぱ、自分だけの信仰を押しつけたらいけん、と。でも彼にいわせたら、決して押しつけじゃない。神は一つなんだから、あっちにもこっちにも神様がいるってのはぜったい僕は認めん、と。私は、信仰は自由だ、それは人間の権利だと思う、と」

「もうそれで、私と彼との論争はすさまじいものがありまして、三年ぐらいかけたかな、彼に認めさせて突破しました」

「三年。それほど、教理の楯は堅固だった」

「楯もなんも、こっちはバーンと催涙弾以上のもんがありまして」

礼子先生はカラカラ笑った。でも三年間、互いに一歩も退かず論争し合う夫婦なんて、いまどきかえって新鮮ではないか。

ともかく、こうして川辺川園内のみんながいつも談笑しているところに、マリア様とお地蔵様が並び立つ摩訶不思議な場所ができた。マリア像は教会などでよく見る姿だが、お地蔵様は礼子先生と事務方の林田さんらでデザインなども相談し、佐賀の石屋さんに発注したものだという。これが上々のできだった。肌がピンクで、口紅をひいているお地蔵さんだ。少女のようないたずらっぽい微笑を浮かべ、よく見ると十字の光背《こうはい》を負っていた。「どう思う」とみんなに聞いてみたら、「お地蔵さんはほんにムゾラシカ（かわいらしい）。家の子ども（孫）んごたる」「きれいか。毎朝参っとります」と好評だった。

川辺川園で（井上）

園の中で、ここがみんな気持ちの安らぐ場所らしい。礼子先生も、なにかお知らせなどあるときはここで話す。職員が毎日お水をあげてお参りしているが、あるときその水を飲んでしまう人がいた。止めてもきかない。職員たちで話し合って原因が分かった。この地域には田の神様に水をあげる習慣があり、仏壇にも御飯やお水をあげる。そのお下がりをいただくと、目がよくなるとか病気が治るという。彼は最近妻を亡くし、七ヵ月くらい部屋に妻の写真と花を飾っていた。

「あの方が水ば飲むことと奥さんが亡くなったこととはつながっとるんじゃないか。そしたら、毎日水ば換えてあげよう」ということになり、以来、水はそのまま飲めるきれいな水が毎朝供えてある。お地蔵様の前には賽銭箱、マリア像には聖書が置かれてあるはずだが、私が見たときは賽銭箱と聖書があべこべになっていた。そんなこと誰も気にしていないらしい。

三年論争について、俊一郎先生にも聞いてみた。

「お地蔵さん？　いいんじゃないですか。第一、かわいいでしょ。うしろに十字架背負わせとるんですが」

すっかりご満悦だった。礼子先生のいう「バーンと催涙弾」の雰囲気ではない。

「先生、最初からそうでしたか」

そこで、彼は打ち明け話をしてくれた。

「私は小さいとき、お釈迦さんの絵本をだいぶ読みましたもんね。父親が買ってくれたんでしょう。オヤジはもちろんキリスト教徒ですが、子どもなら知ってる話を息子にもふつうに教えようとしたんでは。だって日本人ならみんなそうなんじゃないですか。神仏混淆《こんこう》だし、神様が八〇〇万なら仏様も大勢いて、めいめい好きな神仏を拝んでる」

私はいま六十四歳だから、自分にやがて訪れるはずの死が、意識のどこかを毎日かすめないことはない。しかし、当面しばらく大丈夫だ、とヘンな自信もある。きんさんが一〇一歳のとき、いまなにが不安かと尋ねたら「老後」という答えが返ってきたように、だれだって生活意識の中で今日と明日とは永遠に密着しているのである。

死の恐怖などよりは、たとえば昨日なにを食ったのかさえはっきりしないような自分の「老い」の兆候、現実に二十四時間向かい合っている「老い」のほうが当面もっとも恐い。キリスト教の信仰者とは違い、私をふくめていまどきの日本人一般は、「死」とか「老い」とかこのうえなく広大で孤独なものにたった独りで耐えぬく力はどうも弱い。その代わり、「死」や「老い」をその不安や解脱《げだつ》を丸ごと共感し得る仲間さえいれば、もうそれだけで赤信号さえ平気で渡ってしまうヘンな民族なのである。

“トトロの山”を望む水辺（井上）

「Dont walk」を「ドンと行け！」と読み替えるくらいはしょっちゅう。南京大虐殺も七三一部隊の生体実験も、みんながやれば自分もやってしまう。防衛庁調達本部の水増し請求減額事件のように、公務員は犯罪を目前にしたら告発しなければならないという刑事訴訟法の明文があるのに、庁内のエレベーターは隠滅する証拠書類を抱えた職員であふれ返り、だれ一人それを問題にせず、上司や組織への絶対服従とトナリグミ的行動パターンで整然と法を犯してしまう。本部長の指示で、県警まるごと身内の犯罪隠しに動く不祥事も続発している。

かくて、水俣病の顕著な症状を目にしながら、それが自分に現れた症状だったとしても、はっきり水俣病と診断しない医師たちがいる。彼らは、いったんそれを口に出すと企業城下町の疎外が自分に襲いかかる不安とともに、その不安よりもっと強く、同じ仲間がいるという「癒し」に満たされていたのではないか。柳田国男（一八七五〜一九六二、民俗学者）のいうように、われわれは地獄にいても「群れたがる国民」なのである。

水俣の医師たちとはもちろんまったく事情が違うけれども、「老い」と「死」に向き合う人びとは切実に仲間と一緒にいたいと願う。村の外れのお地蔵さんの周りには、つねに年寄りたちの群れる気配があり、上園《うえんそん》観音にも公民館の集会所みたいな部屋があり、川辺園にも十字を背負ったお地蔵さんの前あたり、いつも必ず人が寄っている。見ていて心安らぐ風景だ。だが、早朝散歩の川沿いの路では、車が一台ゆっくりと追い越していっただけ、さすがに人影はなかった。

流れにやや落差があり、重たい川音の底ごもる先に砂州が開ける。砂州の沖に、相良家の領主が雨乞いしたという雨宮神社の、地元で「トトロの山」と呼ばれるこんもりした山がある。トトロの山を望む岸辺に小さなコンクリート・ブロックの桝があり、いつきてもひと抱えほどの豊かな花が入れてあった。その朝も、濃い川霧の中にあざやかなトルコ桔梗やユリの花があふれていて、すぐ近くにさっきの車がとまり、降りてきた人が礼子先生だった。

「その花、なんなんですか」

田んぼの神様をまつる土地の風習だろうと思ったのだが、そう尋ねたとたん、私は自分自身の鈍感さに気づいて跳び上がった。

帰るべき家を奪うな

それは、川辺川園の施設長室で、ホスピスについての彼女の意見を聞いていたときのことだ。ホスピスなんて分かったようでよう分からん、というのが俊一郎先生の感想だった。大体、昔から開業医がやってきたことはホスピスだ。

「僕んとこは、じいさんも医者やってきたし、父親もやってきた。死ぬとき自宅で亡くなる人も多かったから、そこへ医者が行くのは別にめずらしくもない、当たり前のことだった。ところが最近は、わざわざホスピスと称してハコモノを造り、そのテの人員を配置し、そこで死ぬのが一番幸せだといわんばかりに、短絡的にうたい上げるマスコミもいる。賛美歌を歌ったり、いろんな音楽を聴かせたり、それもいいけど……。先にパターンがある感じ。人さまざまだし、人によって死に方も違っていいんじゃないか」

その点を礼子先生も強調した。当人や家族の気持ちも無視して、ただ苦しむだけの対応はしない。不治の癌の人に苦しい抗がん剤投与を強いることはないし、点滴も薬も苦しみを和らげるためのもの以外は完全に止めてしまう。苦しんでいる人に注射針をさし、全身管だらけにして集中治療室に入ってもらえば一週間ぐらい死期を延ばせるかもしれない。それを果たして当人が望んでいるか。ともかく、一にも二にも当人の気持ちを聞く。

「おうちに帰りたかですか、と尋ねると、みなさん帰りたかておっしゃる。これを叶えてあげることしか、私たちにはできない。最期を看取るのはやっぱり家族であって、私たちはその懸け橋の役目しかできん。でもそれは、他人の私たちだからできるとですよ。とくに特養の場合、家になるべく一日でも二日でも、たったの一時間でもお帰しするようにしてます。一度家に帰りたい、と元気なときもいわれる。それは実現させてあげたい。

家に帰られたらヘルパー派遣とか訪問看護とか、在宅福祉の面で頑張らせてもらう。そうやって、家族の負担をなるべく軽くしながら、やっぱり家族とともに最期のときを迎えてもらう。隣の人に『さよなら』もいえるし、周りの子どもたちのざわめきも聞こえるし」

彼女と同じようなことを、ホスピス運動の草分けだったソンダース博士(3)も考えていたらしい。彼は、施設は独り暮らしの患者にとって必要としながら、自宅で家族に看取られることの大切さを説き、末期の在宅ケアをすすめている。人の一生は長い。その最期の時間だけ切りとって、死の領域を専門化するようなホスピスなどを彼はめざしたのではない。

一九八三年に、北ロンドンでホスピス・ホームケアサービスを発足させ、現在、国際的に活躍しているハリエット・クーパーマン（Hariet Coppermann）も、〈患者を病院に連れてくるという

（3）　Dr.Saunders。一九六七年、イギリスで聖クリストファー・ホスピスを開設。そこを退院した患者を、同ホスピスの看護婦が訪問、イギリス最初のホスピス・ホームケアとされる。

のではなく、ホスピス・ホームケアの技術を患者の家に届けることが大切〉(季羽倭文子監修、ホスピス研究会編『ホスピスケアの夜明け』ユリシス出版部、一九八八年)と強調している。

川辺川園では、ドクターの診断に基づき、死期に近い人は家族と相談して家に送っている。園として最初にそれをはじめたときは、やはり家族のほうに抵抗があったようだ。最近の人は、みんないつのまにか、人の最期は病院が当たり前と思っている。

「そんなことない。病院からも先生が行きますし、看護婦さんも行きます、施設からも応援を致しますから」

それでやっと安心してもらう。これが川辺川園のやり方として定着し、いまでは村長や集落の人びとがみんなで出迎えてもらうまでになっている。

「最期を迎える方は、意識が朦朧とされておられたり、ひどく衰弱しておられるけど、いま帰り着いたよう、○○さーん、と耳元で声かけると、涙されるとですよ。それを見て家族さんに、良かったあ、って分かってもらえました。

私、園から家へ帰られたら、その方のお宅をちょくちょくお訪ねします。すると、ちっちゃなお子さんが洗面器に水を張り、タオルを湿らせて看病してるのを見かけたりする。人が死ぬってことはすごかです。肩で息したりして苦しいし、きれいごとでもなか。それを見ていると、人は簡単には死なないし、死ぬまでにはずいぶん苦しむ。命とはどれくらい大変なのか、ちっちゃなお子さんは感じるでしょ。だから、ほんとに大切なものをもって成長されると思う。その方にとっても、お孫チャンの看病がどっだけ尊かろうか知れませんね」

そのとき、「お孫チャン」と口にした礼子先生の表情が、風に吹かれたようにふと揺れたのだった。ははん、なにかあるな。私はそう直感し、嗅覚の赴くまま不躾《ぶしつけ》に尋ねたのだった。

「エーとそこんとこの、ポリシーっていうか、それ、もちょっと話してみてくれませんか」

彼女はしばらく黙っていた。それから、たんたんと話してくれた。

緒方家の子息は四人、上から三女一男である。三番目の娘が小学校四年生となり、もうじき十歳というときに川遊びをしていて亡くなった。川辺川園開設からほどなく、一九八七年（昭和六十二）のお盆の日だった。「カッパちゃん」と呼ばれたくらい泳ぎのうまい彼女が、あのトトロの山を望むあたり、花が供えられた岸辺近くの川底から水死体として発見されたのだ。ふだんは穏やかに流れているが、水量豊かな川辺川は子どもにとって時に魔となる乱流をいくつもはらんでいる。

「そのときのあたしはただ悲しいだけ。なにも分からなかった」

信仰が支えといっても、この悲しみは耐えがたかった。

人懐っこい子だった。母親は演歌など苦手だったが、彼女はお年寄りの好きな演歌が得意で「歌ってあげたら、おじいちゃんもおばあちゃんも、ものすごう喜びなっと」と、自分でも喜んだ。園には、若いときから体が不自由で身寄りのない人がおり、その人の食事をさせるため、彼女は学校から帰ると毎日園へやってきた。亡くなる前日も、ちょうどその日のおむつ交換の時刻だったので、五十人いる入園者から口々にありがとうといわれつつ、嬉々として交換を手伝った。

高原台地の方にもよく遊びに行ったらしい。開拓の人たちはあまり裕福でなく、若い人が去っておじいさんやおばあさんだけの暮らしもあった。

「まあ病院の子どもさんが、自分たちみたいな貧乏人と遊んでくれて」

そんないい方で語ってくれた人もいる。年寄りの手伝い方を知っている気持ちの澄んだ子どもは、どこの家でも愛されていたようだ。娘の死から一週間後、高原の人たちが緒方家に来てくれた。「楽しかったア」と口々にいわれ、そのころから母親も少しずつ考えはじめた。

「一〇〇歳まで生きる人もいるのに、十歳にもならん子がなんでこの世を旅立たんといけんのかなあ」

そういう悔しさがものすごくあって、それから時がたち、やっと彼女は十年そこそこの命を神様からもらってきたんじゃないか、と考えられるようになった。あれから五年たった、十年たった、十二年と何ヵ月がすぎた、という思いの底にあるのは、つねにそのことだ。あの子は、なんのために生きてきたのか。短かすぎる生涯も、それが神の意志であってみれば、そこにどんな意味があったのか。

娘は授かった短い時間を、自分のやるべきことを毎日一所懸命やって旅立っていったんだ、と彼女は考える。ここにおられるお年寄りの方も、毎日毎日精いっぱい自分の命を燃やしている。一日一日の生きざまは、きっとなにか意味をもって生きておられるはずだ。だったら私たちはそれを精いっぱい支えてあげるだけ、それしかないだろう。

「家にお送りして、自宅で最期を迎える人たちでも、帰る、帰るといわすとですよ。どこ帰るの、と聞くと、家に帰る。ここがあなたの生まれた家でしょ、といってもそういう。おばあちゃんの場合は、嫁に来た人もいるわけですが、生まれたとこに帰る、といわす。ばってん、もうそれは七、八十年も昔の話でしょ。家も土地もなくなっとるですもん」

でも、人はこの世で一所懸命働いて、最期は自分の帰りたいところへ帰っていきたい。これが素朴に生きてきた人たちの、せめてものつつましい願いである。ダムができてどうなるのか。いまのままなら帰れるはずの村や家まで、なぜ沈めてしまうのか。

「私は、川辺川ダムば認めるわけにいかんとです」

おわりに

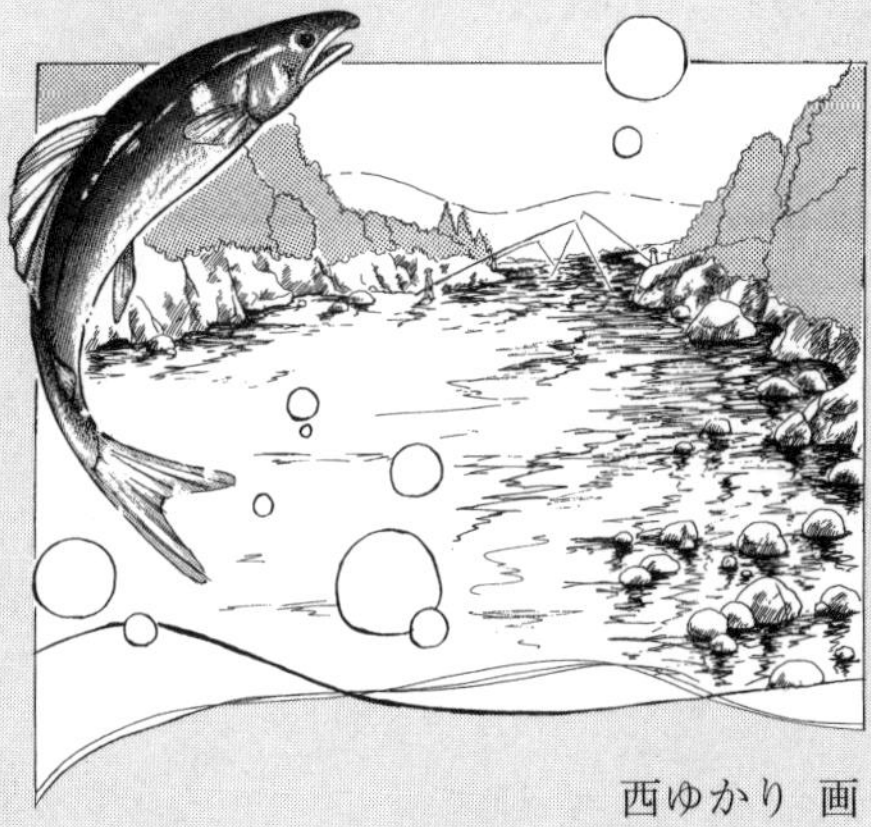

西ゆかり 画

「神の国」の神頼み

財政改革で行き詰まった橋本内閣に代わり、「積極的な財政出動で景気浮揚」がうたい文句の小渕内閣は、一九九九年、一般会計総額八十二兆円の年度予算をしゃにむに通して出発・進行した。当年度比五・四パーセント増という空前の膨張ぶりだが、税収は二割減。その穴を埋めるために発行される国債は三十一兆円余。当年度の二倍である。

地域振興券をばらまいたり、バブル期につくった不良債権にあえぐ大銀行に公的資金投入したり、国民の不満が根づよい厚生年金と国民年金の保険料引き上げ凍結で社会保障費が増えたり――気配り政治のツケが、二〇〇〇年三月末現在六四五兆円もの財政赤字に膨らんでいる。国債の利払い・償還に充てる国債費だけで十九兆八〇〇〇億円に達する。

不思議で仕方がないのは、長銀や日本債券信用銀行など、バブル経営や会計粉飾で不良債権を膨らませて破綻した大手銀行の経営責任を問う法的整備が一向にすすまないことだ。いわば「下手人」である銀行会長が、退職金九億円ももらって「勇退」した。そんな大手銀行を救済するため、預金者保護を名目に公的資金が使われ金融安定化資金枠六十兆円のうちに繰り入れてある。それだけで歳出が十四・九パーセントも増えた一方、地方自治体の財源となる地方交付税交付金は十四・八パーセントも減らされた。

国がいったいどれだけ借金しているかは、歳入に占める国債依存度によって分かる。日本は実に三十七・九パーセント。収入の三分の一以上を借金に頼って暮らす生活は、個人ならとっくに破綻している。国と地方を合わせた財政赤字は、GDPの九・二パーセントに達する。これを、アメリカ、イギリスで一パーセント未満、ドイツ、フランス、イタリアは二パーセント台、カナダが黒字財政という一九九九年の単年度赤字見込みと比較すれば、日本の異様なまでにすさまじい「赤字大国」ぶりが分かるだろう。

橋本前内閣のときから、バブル崩壊による消費低迷や生産活動停滞、失業者増加といった「一九三〇年恐慌」とよく似た事態が起きていた。小渕内閣による銀行への公的資金注入、企業の過剰な設備・債務・雇用をなくすために税制を優遇するやり方は、当時アメリカのルーズヴェルト大統領が行った「ニューディール政策」とよく似ている。そしてこの政策は、そっくり小渕派政治に担がれた森亜流内閣に引き継がれている。景気回復を前面にし、財政改革は後、二兎は追わないと「神の国」の首相も改めて言明した。その一兎である景気上昇の中心バッターは、一九九九年度予算で伸び率十パーセントとなった公共事業である。しかも、公共事業費そのものは五パーセント伸びなのに、自民党との連立をすすめる自由党（二〇〇〇年、連立解消）の大幅追加要求を認めたため、状況に応じて支出する公共事業等予備費を五〇〇〇億円計上し、合計十パーセントになったという小渕流気配りの負の遺産も含んでいる。

橋本内閣で足踏みさせられてきた整備新幹線は、全国枠での要求のほぼ満額である一六三四億円。新北九州空港建設九十九億八〇〇〇万円、諫早湾干拓事業一四五億六一〇〇万円とならび、川辺川ダムは一五一億円と満額をとった（いずれも一九九九単年度）。これに基づき、建設省工事事務所は川辺川ダムの事業内容を発表した。本体工事関係として、基礎掘削や仮排水路トンネルの上下流二ヵ所に設ける締切堤防、進入路などの工事に計十三億円。ダム本体などの測量設計、埋蔵文化財調査などに十五億円。球磨川漁協への漁業補償、五木村の水没地の代替地造成工事などに計一〇七億円が計上された。これが現在、先に一瞥した五木村から川辺川沿いの、地形的・社会的激変をもたらしている財源である。

さてしかし、計画から三十四年間ですでに当初の八倍にあたる二六五〇億円の総事業費を使い切り、一九九九年度から新たに単年度一五一億円の駆けこみ予算もつき、急ピッチですすんでいる川辺川ダム建設工事は、促進派個々の懐具合はともかく、果たして球磨川・川辺川流域の人びとを潤し、地域の景気浮揚に貢献しているだろうか。地域どころか、わが「神の国」の政府は、GDP伸び率の下方修正さえ口にしている。この膨大な財政赤字の解消には、かつて日本が行った大規模な侵略戦争か、戦後、日本人が辛酸《しんさん》をなめたすさまじいインフレしかないのではないか。あのインフレは、政府にとって戦時公債をチャラにする神風だった。現にいま、日本の累積赤字を脱するため通貨増発によるインフレをすすめるアメリカの経済学者がいるし、日本の関連分野でもそれを口写しに説く官僚たちが出てきた。

ニューディール政策と聞けば、すぐ「TVA計画」が思い浮かぶ。TVAとは、すなわちテネシー渓谷開発のために設けた公社、またはその事業のこと。

一九三三年、ルーズヴェルト大統領が打ち出したニューディール政策の狙いは、建国以来の伝統だった自由経済を改め、経済・財政計画を国家の強力な指導下に置くことだった。公共事業による雇用創出、総合開発など、すべて国の金で積極的な経済回復を図ろうという政策であり、テネシー渓谷開発もその一環である。一つの流域にダムを造ったらまず電力が生まれる↓電力を使って工場ができる↓労働需要が生まれる↓労働者の住宅とマーケットや保育園、学校など地域社会ができる……つまり、「ダムは幸せの輪のカナメなんだ」とする考え方だ。それは公共投資による総合的資源開発のモデル、社会進化の象徴とされ、敗戦ですっかり自信喪失していた日本の役所が丸呑みしただけでなく、高校クラスの社会科でもそう教えてきた。

しかし、TVAをふくむニューディール政策でアメリカ経済が回復したというのは真っ赤なウソ。ルーズヴェルトの大統領就任時にいた一二八〇万名の失業者は、彼が大統領三期目に入っても一向に減らなかった。アメリカ経済が劇的な経済発展を遂げたのは、一九四一年、日本の真珠湾攻撃によりアメリカ国内の世論が一挙に参戦へ傾き、空前の軍需景気が訪れたからである。「天皇を中心とする神の国」がはるばる機動艦隊を差し向け、ハワイ真珠湾奇襲を行う愚挙《ぐきょ》に出たからだ。真珠湾攻撃から生まれた軍需景気こそが、以後今日までのアメリカを、TVAがなしえなかった経済の超大国にした。日本の軍部が大真面目で説いたような、日本敗北のさいの「神風」なんて吹かなかったが、アメリカにとって真珠湾攻撃こそまさに「神風」だった。

ダムは終わった

景気浮揚を目的にはじまったニューディール政策の目玉TVA、なかんずくダム先進国といわれるほどアメリカが造りまくった大規模ダムは、流域住民と環境にとって本当に必要だったのか。当のアメリカでは、現在どう考えられているのか。

諫早湾閉切りからちょうど二年目、諫早湾緊急救済本部が開いた「干潟を守る日」記念講演会があり、哲学者の梅原猛さんらとともに天野礼子さんもやってきた。彼女は「長良川河口堰建設に反対する会」事務局長であり、公共事業チェックを求めるNGOの会代表でもある。一九九六年九月、長良川で行われた「国際ダムサミット」を主導した一人であり、世界中のダムや環境問題に取り組む市民運動家など、サミットでの発言をまとめた著書がある（後記参照）。渓流釣りの名手である彼女が、「川を愛する」というのは決してスピーチの枕詞ではないのである。世界の現場を見て歩いた彼女から、大規模ダム先進国アメリカの現状もじかに聞くことができた。

アメリカのダム造りは、三つの大きな省庁がやる。TVA思想を世界や日本に広めることとなったテネシー渓谷開発公社、主に農業用水確保のためダムを造り続けてきた開墾局、治水のためダム造り・変流工事を続けてきた陸軍工兵局の三つである。うちテネシー渓谷開発公社は、すでに二十年前、「TVA思想には限界があった。破綻した」ということを自認している。開墾局は一九九四年、ブルガリアで開かれた国際灌漑・排水会議の席上、開墾局ダニエル・ビアード総裁が「アメリカにおけるダム開発の時代は終わった」と公式に発言した。残る陸軍工兵局も、ミシシッピー川とミズリー川大洪水の一九九三年、国民に対しこういって謝っている。

われわれは洪水のさい水を早く海へ流そうと考え、蛇行していた河を真っすぐに造ってきたが、そのための丈夫な堤防ができたため住宅地が河のすぐそばへ密集することになった。海へ直進する水はそれまで以上に早く流れてきて河口域であふれた。予想を超える水が来て堤防が切れ、堤防近くに密集した住宅地域に大きな被害が出た。これはもともと堤防を直線化しなければ起きなかった被害だ。

（天野礼子編『二一世紀の河川思想』共同通信社、一九九七年より）

川が大地を流れるとき、蛇行するのは自然の理である。小さな人工水流による簡単なシミュレーションでもそうなる。それを無理やり真っ直にすれば、自然のしっぺ返しを食うことがやっと分かった、というのだ。「洪水」とは水があふれて暴れることであり、「水害」とはその暴れ水に人や社会が被害を受けることである。洪水になっても人や家や田畑、日常的な活動圏が離れていれば水害にはならない。単なる洪水ですむものを、むざむざ水害にしてしまったのは陸軍工兵隊の責任だ、と謝ったわけだ。アメリカ中の地方ごとにある土木局も、せっせと河道直線化をすすめ、堤防を造り、その結果、河に寄りそう街や村を造ってきた。

　現在に至る日本の河川行政も、それまで氾濫原の外周りにあった人家や人の営みをたばね、息苦しいまでの密集地として川べり近くへ張りつけてきた歴史である。長良川での国際ダムサミットでも、「アメリカは過去五十年間、洪水調節に六〇〇億ドルもの金を使ってきたが、被害はむしろ増大した。ミシシッピー川の大洪水は、河川工学的なやり方ではもうだめだ、と決定づけたようなものだ」（フィリップ・ウィリアムズ）という発言があった。そして、なにより、ダムとか堤防で洪水から守られていると信じている人たちが確実に被害にあってしまうこと、もし、この幻想を抱かせる巨大な建造物がなければ、はじめから決して氾濫原での本格的な土地利用など考えはしないこと、洪水とは調整しようとするのでなく、被害をなるべく小さくしようとするものだ、という。

「起きてしまった水害の補償は、予算上できないから、洪水の氾濫原・常襲原から出ていってくれ。出ていく費用がないなら、せめて一階に大切なものは置かないように」というのがアメリカ陸軍工兵隊のメッセージだった。

「ダム開発の時代は終わった」と発言したアメリカ開墾局総裁ダニエル・ビアードが、それまでやっていた環境ロビイストからいきなり開墾局の総裁に抜擢されたのはそのころだそうだ。ゴア副大統領が、不必要な公共事業から人と金を引き上げ、必要不可欠な公共事業に回すため、彼にダム事業のリストラをやらせようと引きぬいたのだ。ビアードの振るう大鉈で、アメリカ中のダム事業が全面的に中止・中断され、それだけでなく今後はダムを撤去していく方向へと動きだした。ダムにかかわっていた役人をほかへ移す、高齢者を辞めさせる。なにしろ元気のよい社会だから、こんな大仕事がいっきに進行した。ビアードの「ダム開発の時代は終わった」という言葉は、この歴史的ともいえる一大エポックを象徴している。

それだけでも足りず、世界銀行とNGO（非政府組織）でつくる「世界ダム委員会」は、長江（揚子江）上流域の三峡ダム計画に待ったをかけるため、ビアードを中国に派遣した。世界銀行のフルネームは「国際復興開発銀行」。文字通り開発途上国や戦災から復興をめざす国や地域に、巨額の長期融資を行って国家規模の公共土木を起こさせ、これまでずっと巨大ダム造りの後押しをしてきたアメリカの国策銀行である。そしてアメリカは、一九一九年、孫文が提唱した三峡ダム計画を積極的にバックアップしてきた国だ。その世界銀行が、いままでの環境破壊への反省からつくったのが世界ダム委員会である。

三峡ダムの幅二・三キロメートル、奥行き六三〇キロメートル。発電量は日本の総発電量に匹敵する年間八四六億キロワット時である。それと引き換えに、十三都市と一二〇〇ヵ所もの重要史跡が失われる。ビアードは、世界一砂がたまる長江に造られる三峡ダムはすぐに寿命が尽きるだろう、環境も破壊され、一〇〇万人もの住民が移住し、あたら文化遺産も水没し、もし氾濫したら未曽有なものになる、アメリカも世界銀行もこれ以上支援しない、ダムの時代は終わったんだから造るのお止《や》めなさい、と伝えに行ったのだ。

天野さんがいうには、一九九三年から九四年にかけてのアメリカのこの大変革のきっかけは経済不況にあるとのこと。役所を閉めなきゃならないほど苦しかったころ、過去五十年間で洪水調節に六〇〇億ドルもの金を使いながら、被害も環境破壊も増大していくような、損をする公共事業の時代は終わったのだ。現に、アメリカン・リバーズという河川保護団体のリポートでは、ここ五年間に六十ものダムが壊され、一〇〇以上のダムが撤去を検討されている。ダムの寿命は五十年だから、十八、九世紀ごろに造られたダムもこの数字の中にあるが、単に老朽化だけが撤去の理由ではない。背後には自然環境破壊、ノッペラボウなダム風景でなく自然な流れと暮らしたい、という住民の強い願いがあってのこと。

ペンシルベニア州の場合、ダムによる事故発生のさい、ダム所有者に損害補償などの一切の責任を負わせるという州法が最近できた。魚道をつけたり環境調査をしたり、そのための費用もかかるから、そうまでしてダムを維持するメリットがなくなったのだ。こうして二〇二〇年、アメリカ中のダムの八十五パーセントが寿命である五十年を迎える。このときまさに、ダム建設の時代は終わるだろう。

ところ変わって、こちら日本。

「公共事業で景気浮揚」とうたうが、そんな兎、どこにいるだろう。万一うまくいったとして、システムのすべてが行き詰まったいまの日本が、それだけで立ち直るなんて正気で考えているのだろうか。先の衆議院選惨敗（二〇〇〇年六月）に慌てた与党三党は、海ノ中道計画や吉野川可動堰の名を挙げ、「公共事業見直し」をうたい上げている。だが、見直しリストを見ると、計画からすでに長い年月がたち、現状とのズレから放置されている事業が多い。それらはすでに巨額の税金が投入ずみであり、逆に、事業目的を失っているにもかかわらず、なお巨費投入が避けられない川辺川ダムなどがリストから外されている。つまり、政府・与党の「見直し」プランと財政再建とは、ソロバンが合わない。それでもなおダム建設を引っこめないのは、「公共事業で景気浮揚」という七十年前のアメリカの幻想をいまだに追っているからだ。

サバ読み遊水池

一九九八年十二月、国土研究会が出した『球磨川の水害の実態、ダム計画の問題と求められる治水対策』というリポート（中間報告）では、ダムにかわる総合的治水対策として遊水池計画を提案している。

球磨川に次々とダムができるころまで、川原には畑がたくさんあり、サツマイモや養蚕の桑が植えてあった。「一面に月見草と野バラ、野イチゴの花が咲いて、まるで花園でしたよ」と語ってくれたのは、先に紹介したソーシャル・ワーカーの江嶋さんである。彼女の小学生時代、そのころはまだ保育園とかがなかったから、学校から帰るとすぐ、昼間、親たちが働きに出ている家

向かって左が、昔の遊水池跡（井上）

の小さな子をリアカーに乗せ、お弁当もって連れていった。いまは何にもつくってなくて、建設省管轄のそこは、味も素っ気もないゴミの散らばるただの川原である。

堤防沿いのコンクリート河岸は、ここものっぺらぼうでなにも植えていない。以前は当地で「コサン」と呼ぶ密生した竹林が川を縁どり、そのタケノコをよく採っていた。全然アクがなく、甘みのあるタケノコだ。スイカンボ（スカンポ。酸い葉）、茅花《ツバナ》も子どものおやつ。オニャコの花というビロウドのような感じの野花は、花が終わったら綿毛になって飛び、根づく。子どもはそれも腕いっぱい採ってきたが、いまはそんな野花だって店にしか売っていない。

つまり、これが昔の遊水池・氾濫原の光景である。遊水池と、川との間の霞堤《かすみてい》は相良藩の管轄だった。霞堤というのは、堤防が川に沿って断続的に造られているもの。堤を切断したり、二重三重に重複して築き、洪水時にはその部分から河道の外へ水を氾濫させ、川の水位を低くする。信玄堤は名高いが、中国伝来のこの治水工法は全国に伝わり、球磨川にも加藤清正や相良藩の築いたものがあった。

こうして、川からカットした水を遊ばせておくところが遊水池であり、氾濫原である。密生したコサンの竹林は川べりの護岸でもあったし、洪水のさい川から溢れでる水から塵芥《じんかい》を濾しとるフィルターでもあった。河道が直線化されたいまも残っているコサンの竹林は、昔は蛇行していた川べりの痕跡である。

洪水が去れば、遊水池の水は自然に引く。ふだん水のないその河川敷では、自由に野菜などつくってもいい。しかし、洪水になっても藩として畑作物の損害に面倒は見ない、とする不文律があった。もちろん、年貢とか税のかからない免租地として、球磨川沿いにそういう場所は無数にあった（十二ページを参照）。

近代以降も、市房ダム建設にともなう河川改修により、河岸がコンクリートで武装するまではそうだった。球磨川流域を襲った未曽有の災害は、市房ダムの放流も大きな原因の一つだが、昔からあった遊水池を潰したのも一因、とリポートは指摘している。

霞堤以外でも、田んぼはふだんからダムの機能も果たしてきた。球磨川水系とは違うが、農業用水道橋として有名な矢部町の通潤橋《つうじゅんきょう》は、いまから一五〇年前に完成した。山地の険しい斜面に刻みつけた一四七町歩に及ぶ千枚田の上下に、「上井出」「下井出」と呼ぶ幹線水路が掘りぬか

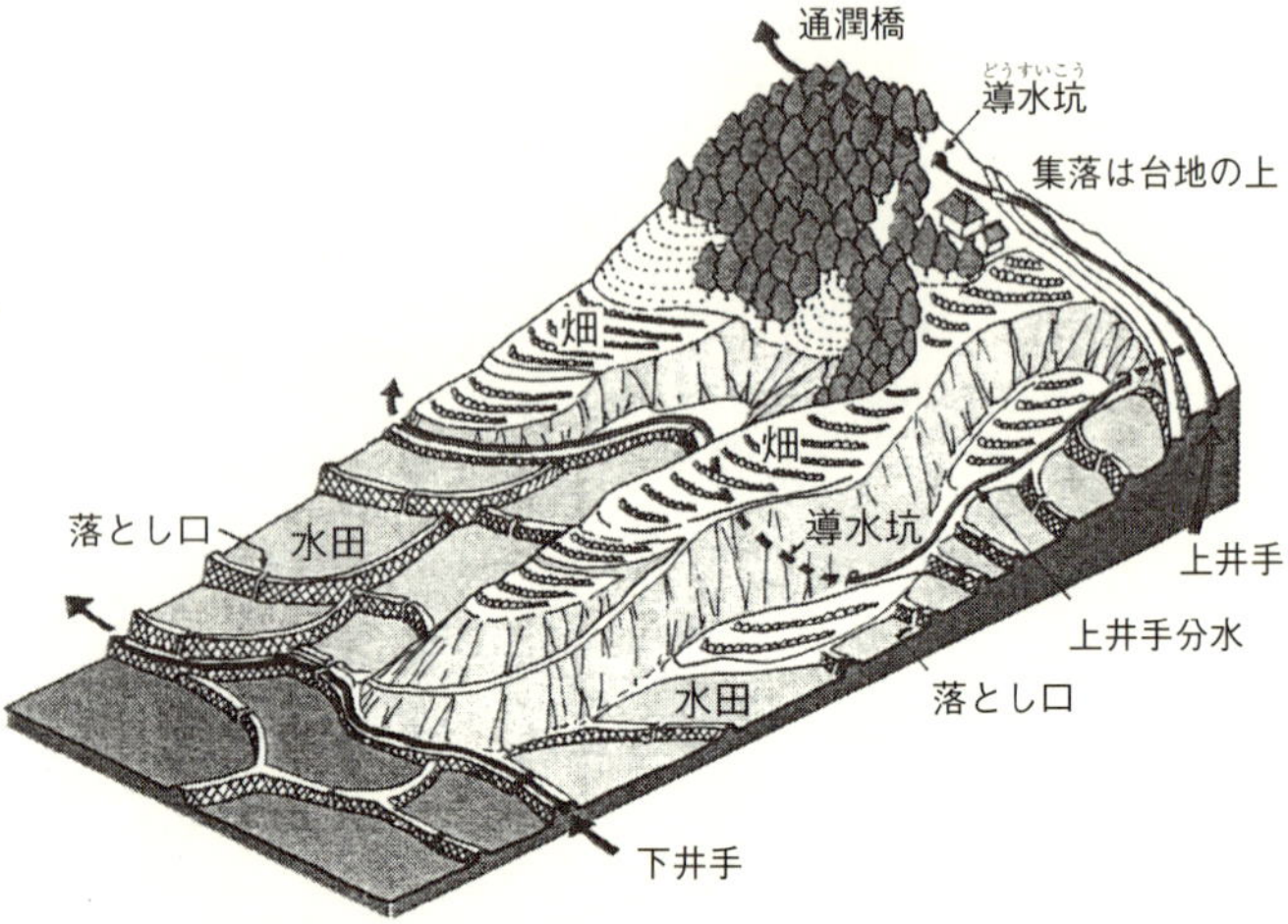

熊本県・矢部町の、通潤橋を幹線とする棚田のシステム

れ、両水路の間を二十二本の支流がつなぐ。上井出から導かれる水は支流に分かれて棚田を潤した後、落ち水はすべて下井出に集めて川へ流される。

通潤橋は、笹原川から取水した上井出幹線の一部であり、広大な白糸台地に散開する棚田灌漑の動脈である。この橋の完成により、それまでソバかヒエくらいしかつくれなかった急傾斜地に、新しく一〇〇町歩以上の水田を開くことができた。通潤橋は、完成から一四〇年たった現在も、農用水路の現役として約五〇〇ヘクタールの田を潤している。

棚田が等高線と平行な細長いものになったのは、牛馬耕《ぎゅうばこう》向きに造成したからである。田んぼはラムサール条約で鳥や小動物の生息環境を支える湿地とされるが、洪水のときは氾濫水を田畑に広げて分散し、ゆっくり川へ戻していく流量調整ダムとしても機能した。棚田の水は地表上の溢水だけでなく、かなりの量が地中に染み通り、長い時間をかけて貫流している。

暴れ水の及ばぬ場所に住まいを構え、低きに流れる水をあまさず田んぼに利用するため、一つ一つ独自な地形を見きわめた先人の知恵の痕跡は、たぶん全国にあるだろう。こうして、国土の七割が山地である日本の中山間地農業の発達は、降雨による水の流れを山村、農村、漁村と導き、それぞれ集中的で集約的な自然利用を長く続けてきながら、自然環境を破壊しない工夫によって伝統的に保たれてきた。少なくとも、近代河川工学が一手に川を管理するようになるまでは。

日本だけではない。先述したモヘンジョ・ダロ遺跡は、ハラッパ遺跡やつい最近発見されたドーラビーラ遺跡とともに、紀元前二三〇〇年から一八〇〇年に栄えたインダス文明を代表する古代都市だが、縦横に発達した排水路の跡は、飲み水やし尿を流すための排水、住居ごとにあった沐浴場を満たし、都市の中をつねに貫流させ、球磨川など比較にならぬすさまじいインダス河の大洪水を日常的に生活化していたと見られる。古代農業は、洪水が運んでくる栄養豊かな土壌を基礎に行われる氾濫農耕だが、モヘンジョ・ダロやドーラビーラ遺跡は農耕だけでなく暴れ水そのものも生活用水として手なづけ、大河と巧みに付き合ってきた古代人の英知を物語る。川との付き合いをやめ、力づくで抑え込もうとする近代河川工学は、まだわずかに一世紀の体験しかもたない。しかも、先述のアメリカの例のように、それはすでに破綻をきたしている。

国土研究会のリポートは、ダムにかわる治水対策として、球磨川、川辺川合流点から本流上流部の低地約一〇〇〇ヘクタールに遊水池を造るよう提案し、具体的にその位置を図示している。これによる遊水量は約三〇〇〇万立方メートル、人吉地点での洪水調節効果の四割に相当する。もともと、建設省計画にある同地点の基本高水のピーク流量である一秒当たり七〇〇〇立方メートルという数値は過大だと考えられ、妥当とされる六〇〇〇立方メートルを前提とすれば、遊水池のほか同地点の河床を数十センチ掘削するだけで大洪水はクリアできる。

昔といまとはもちろん違う。かつて遊水池だったところも、河川補修によって所有権のはっきりした農地や宅地に変わっている。梅山さんが懸念するように、その土地が流量調整の犠牲になるからには補償問題も出てくるし、地主さんが直ちにオーケーというかどうか分からない。

「コメはつくらんでも補償金さえもらえばいい、という話だけでもないような気がする。そのへんに、私ちょっと引っかかりを感じる」

と、梅山さんはいう。しかし、彼は別に遊水池計画そのものに反対しているわけではない。彼は百姓の精神のありどころを述べたのであり、その問題を全然無視して河川管理を考えるのはこれまでのお上《かみ》の発想と変わらないことを強調したのだ。単純に遊水池造成でなく、遊水池を兼ねて土地の有効利用を——補償金ですますだけでなく、そこに生産のサイクルを、といっているのだ。

「人吉新聞」の投書欄には、遊水池想定の農地から税金を低減し、川に近いほど課税査定を低くしてはどうかという意見も出ている。たぶん、遊水池計画への住民の関心の強さを気にしたらしい建設省は、遊水池案と川辺川ダム建設案を含む六つの治水対策案を比較検討したとするリポートを発表した。それによると、遊水池案は、複雑で高度な管理技術が必要なうえ、大規模な用地買収・家屋移転をともない、集落の周りを高い堤防で囲むことから環境が悪化することを短所に挙げている。そして、遊水池案では概算一兆三〇〇〇億円かかるのに比べ、ダム案なら洪水調節だけでわずか一九〇〇億円しかかからない、とした。

これに対し、先の国土研リポートは、「建設省のいう遊水池案なるものは、遊水池専用の用地を買収しそこに地盤掘削やゲートを設けるなど、要するに人工的な洪水調整池のことをさしている」と批判した。なるほど、これなら一兆なにがしの金もかかることだろう。

だが、『土木工学ハンドブック』によれば、遊水池とは〈河道に沿って、あるいは河川の合流点付近に相当な広さの一連の低地があり、出水の際には湛水して自然に洪水調節の役割をはたしているものをいう〉とある。『広辞苑』にも〈河川沿いの湖沼・平地などを利用する〉とあって、本来、遊水池とは霞堤と対をなす中国伝来の、自然の地形と折り合うことに重点を置いた治水工法だ。頭のよい建設官僚に、こんな初歩の知識がなかったとはいわせない。地盤掘削だのゲート設置だの、果ては人吉地点での基本高水のピーク流量の「サバ読み」など、これはたとえ税金をどれほど無駄遣いしてもしゃにむに川辺川ダム建設にもっていくための詐術ではないか。

川辺川ダムには、もはや何の大義もありえない。

おわりのおわり（後記）

取材のため人吉・球磨地方へ出掛けてから丸二年たった。私にしては遅すぎる進捗《しんちょく》ぶりだったが、それというのも小渕内閣による一九九九年度予算成立を境に、巨大公共事業のアクセルが景気浮揚の「一兎」を追って一斉に踏みこまれたためだ。「住民の反対が過半数なら中止」と、関谷勝嗣建設省が明言した吉野川可動堰建設は、それから一年もたたないのに徳島市で九割が反対した住民投票結果に対し、中山正暉建設相はこれを踏みにじる態度に出た。

川辺川ダム関連では、五木村の水没予定地点の住居などの撤去やダム本体工事着工への動きが急ピッチにすすめられた。球磨川漁協の同意取り付けと漁業補償交渉へ向け、建設省の働きかけも活発になった。漁協への説明会に「出席手当て」まで出してやるほどの気の入れ方である。

一九九六年春には、建設省が漁協へ、ダムのある他県視察費として三二三万円を、促進派の旗ふり役・相良村を通じ手渡したという。漁協の記録では、岐阜、滋賀、島根三県に、二十九人ずつ二泊三日の日程で出掛けている（「朝日新聞」二〇〇〇年七月二十日付）。

こうした動きにつれて、状況は目まぐるしく変わった。澄明な川辺川も、えもいわれぬ濁り方をし、私としてはしばらく時をおき、水が澄むのを待つしかなかったのだ。

とはいえ、状況の推移を見守るべく、ダム問題にかかわる基本的な見方を失うことがなかったのは、次のような基礎データを比較参照できたからである。

・川辺川問題資料集『かわべ川』№１～３・川辺川現地調査実行委員会（一九九七～九九年）
・『川辺川ダム建設問題に関する意見書』熊本県弁護士会（一九九六年）
・『球磨川の水害の実態、ダム計画の問題と求められる治水対策（中間報告）』国土問題研究会（一九九八年）
・松本幡郎『川辺川ダムの地学的問題』同右シリーズ№１（一九九九年）
・中島熙八郎『「国営川辺川土地改良事業」は必要か』川辺川研究会パンフレットシリーズ№２（一九九九年）
・福岡賢正『国が川を壊す理由』葦書房（一九九六年）
・天野礼子編『二一世紀の河川思想』共同通信社（一九九七年）
・二一世紀環境委員会『巨大公共事業』岩波ブックレット（一九九九年）
・官庁統計データベース　http://www.sr3.t.u-tokyo.ac.jp/~hara/statsrch.html
・建設省　http://www.moc.go.jp/index-j.html
・建設省九州地方建設局　http://www.qs.moc.go.jp/index.pl
・建設省川辺川工事事務所　http://kawabe.technologic.co.jp/topics.html

・熊本県　http：//www.kings.co.jp/kumamoto-pref/set_fl/setall_07.html
・長崎県　http：//www.us 1.nagasaki-noc.ne.jp/~nagasaki/

今年、二月末に開かれた球磨川漁協総代会は、事実上、ダム建設の行方を左右するものだった。ダムをめぐる当局との交渉のうち、いまテーブルの向こうに残っているのが球磨川漁協である。総代会では、当年度の事業計画案のダム対策のうち、これまで踏襲されてきたダム建設絶対反対の部分を削り、「組合が総力を挙げて条件整備の確立に取り組む」だけ残そうという緊急動議が出され、投票により過半数で可決された。条件整備の確立とは、すなわちダムの容認につながる。吉村勝徳氏がいうように、これでダム容認派の足かせが外され、流れは向こうへいった観がある。だが、一九九九年八月のダム絶対反対を前提とした臨時総代会決議はまだ生きており、組合が反対方針を変えたわけではない。つばぜり合いの中、巻き返しを図るダム反対の人たちの活動も熱気を帯びている。

二月の総代会に続く今年の漁協の動きを見ると以上のようになっている。

・八月二十九日――漁協が全組合員を対象にしたアンケート結果を発表。六割の有効回答中、過半数の五十四パーセントが「ダム反対」と回答。
・九月一日――ダム容認派の請求により開かれた臨時総代会が、建設省との漁業補償委員会設置を五十八対三十六で可決。容認派はそのさい、「交渉一切を補償委員会に委任」、交渉結果の議決権も全組合員（一七五九名）を対象の総会でなく、「総代会（一〇〇名）とする」内容の議案を当日になって提示、強行採決した。

・九月中旬――臨時総会予定。

・一方、「清流くま川・川辺川を未来に手渡す流域市民の会」と「子守唄の里・五木を育む清流川辺川を守る県民の会」は、一九九八年、農水省の計画変更にともなう建設省の計画変更に異議申し立てをしていたが、建設省はこのほどそれを却下。「手渡す会」と「県民の会」で、裁判への動きが加速している。

・「利水」の梅山究原告団長は、漁協の動きについて、「同じダム反対といっても、財産権を守る我々の立場と漁協の立場は違う。ダム反対の歯止めとしてのウェートは我々のほうが大きい。我々ががんばればダムは止まるし、それしか方法はない」（九月二日付各紙）とコメントしている。

・九月八日――利水訴訟敗訴。原告団、控訴へ。裁判所は、事業への同意取り付けに不十分さを指摘しながら、対象農家の三分の二以上の同意はあると判断。行政庁の事業の裁量権に逸脱や乱用はない、とした。だが、事業に反対する対象農家は、過半数が裁判に参加している。原告団は即日上京し、事業中止要求書を農水相あてに手渡した。

利水訴訟原告団の世話人であり、川辺川をめぐるいくつもの市民グループのいわばよろず事務局長である重松隆敏氏には、取材の全般に行き届いた細やかな配慮をいただいた。

「きれいな川辺川を未来に残す、これは大事な運動だということで我々はやっとります」

この人のとつとつとした口ぶりで、当たり前のことを真摯《しんし》に語られると、事はまさに現実の重たさをもって聞こえた。妻であるみよ子さんは、寸暇を惜しんでボランティア活動に忙しかった。地域の養護老人ホームや各施設、生涯学習教室を回り、押し花を教えに行っている。私もハルシヤギク、ロベリア、バーベナといった花をあしらったカレンダーをいただいた。

「川辺川も環境の一部なら、福祉も人間の生存環境の一部です。公共事業ばっかり税金使わんで、福祉国家へ切り替えのとき。それば強調してくれまっせ」

というのが、重松夫妻の私への唯一の注文だった。

利水訴訟原告団長で「百姓」の肩書きをもつ梅山究氏はじめ、「考える会」の人びとに感謝申し上げる。ダム建設にからみ、彼らが農水省の土地改良改善事業の不当を訴えた訴訟は、今年三月に結審した。それにしても、彼らの生き生きした、飾らない個性には魅了された。分かりづらさを承知で球磨弁を多用したのは、その活気ある風貌をなるべく忠実に伝えたかったからだ。

緒方両先生およびペートル会職員のみなさんが、繁忙の中、取材に全面的に応じて下さったのはありがたかった。お礼を申し上げる。

心ならずもダム建設促進派に与した人びとからも、その想いを聞くことができた。当然ながら、彼らも深い人間的屈折に富む。促進派であれ反対派であれ、ありていにいえば私は、人のおもしろさに惹かれて取材を続けてこれたのである。当方の直截かつ無遠慮な問いかけを受け入れ、会って話してくれた人のすべてに、心からお礼を申し上げたい。そして、繰り返しはっきりいう。この人びとの存在において、川辺川ダムはいくらかでも人間らしい光芒をもった大義とはなりえない。

株式会社新評論の武市一幸氏には、怠け者の私にとって感謝すべくも執拗な督励をいただいた。おかげでこの一本はなった。井上亮介、西村信男両氏にお世話をかけた。ほかにも多くの人から貴重な援助を忝うしたが、割愛させていただく。

二〇〇〇年初秋

中里喜昭

年　　号	変　　遷
1987年（S62）	8.19、町村会、建設省にダム建設促進を陳情
1988年（S63）	12. 2、魚族検討委員会開催
1989年（H1）	7.20、五木村議会、立村計画を承認。2市17町村による川辺川ダム建設促進協議会設立
1993年（H5）	国営土地改良事業変更計画説明会 12月、川辺川を考える会発足
1994年（H6）	12.21、行政不服審査法に基づく異議申立て（1、144人）
1995年（H7）	6.10、日弁連調査団来球磨 9. 4、川辺川ダム事業審議会発足
1996年（H8）	3.29、農水大臣、異議申立てを却下 5.15、川辺川の会発足
1997年（H9）	6.26、川辺川利水訴訟（異議申立て棄却決定取消し訴訟）熊本地裁へ提訴 8.10、川辺川ダム事業審議会、ダム事業継続を答申 4.17、川辺川利水訴訟を支援する会発足 5.26、建設省、川辺川ダム仮排水路工事に着手 第1回川辺川現地調査開催
1998年（H10）	3.24、県議会、川辺川ダム計画変更に関する知事意見書を可決 6. 9、建設省、川辺川ダム計画変更を告示 7.29、清流くま川・川辺川を未来に手渡す流域郡市民の会（手渡す会）、743人の計画変更に対する異議申立て提出
2000年（H12）	9. 1、球磨川漁協が補償交渉委設置へ 9. 8、利水訴訟判決。原告敗訴、控訴へ 原告団、農水省へ事業中止要求書提出

＊1『かわべ川』川辺川問題資料集 No. 2（川辺川現地調査実行委員会刊）、『球磨川の水害の実態、ダム計画の問題と求められる治水対策（中間報告）』（国土問題研究会刊）より抽記

＊2『かわべ川』川辺川問題資料集 No. 3（川辺川現地調査実行委員会刊）

年　　号	変　　　遷
1976年（S51）	1.29、県議会、川辺川ダム基本計画を承認 2.26、地権者協、五木村にダム対策費の住民監査請求 3.30、建設大臣、川辺川ダム基本計画告示 4.13、五木・相良地権者協、基本計画取消し請求訴訟を提訴 5.2、川辺川ダム対策同盟会結成 5.12、五木・相良地権者協、損害賠償請求訴訟を提訴 5.28、五木・相良地権者協、ダム河川予定地指定処分無効確認訴訟を提訴
1978年（S53）	12.15、熊本地裁、取消し訴訟、無効確認訴訟につき和解勧告
1979年（S54）	3.13、国、両地権者協ともに和解受入れ 7.9、川辺川ダム建設に伴う損失補償基準第3次案提示
1980年（S55）	11.29、熊本地裁、和解4項目提示 3.27、熊本地裁、取消し訴訟、無効確認訴訟却下 4.9、地権者協、福岡高裁へ控訴
1981年（S56）	12.18、損失補償基準第4次案提示 4.29、一般補償基準妥結
1982年（S57）	8.7、水没8世帯補償調印、9月にダム移転第1号 1.18、五木村長、ダム建設同意と所信表明 3.20、五木村議会、ダム建設反対決議を解く
1982年（S57）	4.1、五木村、川辺川ダム建設に正式同意
1983年（S58）	3.28、相良村ダム対策協議会解散。農水省、川辺川農業利水事業所開設
1984年（S59）	3.4、地権者協、損害賠償訴訟取下げ 4.25、同、取消し訴訟、無効確認訴訟控訴取下げ 5.1、五木村観光企画開発協議会発足
1985年（S60）	1.19、離村者の集い開催

年　　号	変　　遷
1966年(S41)	7.14、県、相良ダム建設構想及び五木村振興計画を説明 7.23、五木村議会、相良ダム建設反対決議 8.30、五木村・議会、県議会に防災ダム設置を陳情。球磨北部利水事業促進協議会発足
1967年(S42)	1.20、県、建設省同席で五木村・議会に村振興計画を説明 2.6、五木村ダム対策委員会設置 6.1、建設省、川辺川ダム工事事務所設置、ダム実施計画調査に着手。相良ダム対策協議会設置
1968年(S43)	9.5、県、治水ダムから多目的ダムに計画変更。同日説明会。関係7市町村による川辺川利水事業対策協議会発足
1969年(S44)	9.26、建設省、ダム付帯工事に着手。利水事業、農水省の直轄地域に指定。
1970年(S45)	6.5、五木村、立村計画55項目要求を建設省に提出 11.21、湛水線、代替地、付替え道路の調査測量に伴う協定書、覚書調印
1971年(S46)	12.12、五木村水没者大会
1971年(S46)	12.21、川辺川ダム建設に伴う調査測量のための協定書、覚書調印
1972年(S47)	9.26、河川法に基づく河川予定地指定告示 10.1、水没者・地権者の生活権を守る会発足。川辺川土地改良事業組合設立認可
1974年(S49)	4.1、水源地域対策特別措置法施行
1975年(S50)	11.28、五木・相良地権者協、補償条件で国・県と交渉開始
1976年(S51)	1.20、五木・相良地権者協、ダム反対を表明し建設省に交渉打切り通告

◎ダム問題を考える市民の会
会長：外山敬次郎（TEL：0966-22-2341）／〒868-0037　人吉市南泉田町１

◎孫子に残そう清流球磨川・じいちゃん・ばあちゃんの会
会長：岡　富郎（TEL：0966-24-2544）／〒868-0012　人吉市相良町12－３

◎クマタカを守る会
会長：権頭　博（TEL：0966-36-0008）／事務局長：東　慶次郎（TEL：0966-23-4530）／〒868-0101　熊本県球磨郡相良村四浦東2815

◎公共事業チェックを実現する議員の会
会長：小杉　隆／〒100-0014　東京都千代田区永田町２－２－１　衆議院第一議員会館215号室　秋庭忠利事務所（TEL：03-3508-7215／FAX：03-3592-9059）

川辺川ダム関連年表

年　　号	変　　遷
1947年（S22）	霞堤方式をひろく採用した球磨川上流部の直轄改修事業に着手
1953年（S28）	２月～1960年7月、電源開発ＫＫ、発電用ダム調査に着手
1954年（S29）	９月、電源開発ＫＫ、相良ダム構想
1957年（S32）	４月、五木村、ダム建設反対村民大会。球磨北部土地改良事業促進期成会発足
1959年（S34）	熊本県、川辺川総合開発計画調査開始
1960年（S35）	建設省、国土総合開発調査費でダム調査
	３月、市房ダム完成
1963年（S38）～65年	三年連続大水害発生
1964年（S39）～66年	建設省、予備調査着手
1966年（S41）	7.３、球磨川一級河川指定。建設省、川辺川ダム建設をふくめ、連続堤を基本とした河道改修などの工事実施基本計画発表
	7.４、五木村長ら、県知事に抗議。上流に防災ダム設置を要望

川辺川問題の市民団体一覧表（順不同）

◎子守歌の里・五木を育む清流川辺川を守る県民の会

代表：国徳恭代（TEL：096-343-5519）／事務局長：川本正道（TEL／FAX：096-365-3836）／〒862-0919　熊本市健軍町２－25－61－201（TEL／FAX：096-365-3839）

◎川辺川利水訴訟を支援する会

代表委員：笹渕賢吾／事務局長：北岡秀郎（TEL／FAX：096-384-4939）／〒862-0954　熊本市神水１－14－41 医療法人 芳和会内（TEL：096-381-5887）

◎清流球磨川・川辺川を未来に手渡す流域郡市民の会

会長：池井良暢（TEL：0966-42-2639）／事務局長：重松隆敏（TEL：0966-22-3917）／〒868-0052　人吉市新町16　くま川ハウス（TEL：0966-24-9929）

◎国営川辺川土地改良事業変更計画の取消しを求める訴訟団と支援する会

事務局長：梅山　究（TEL／FAX：0966-24-7236）／〒868-0095　熊本県球磨郡相良村柳瀬94－３　川辺川の会事務所（TEL：0966-24-4844）

◎川辺川利水を考える会

会長：古川十市（TEL／FAX：0966-24-7557）／〒868-0095　熊本県球磨郡相良村柳瀬94－３　川辺川の会事務所（TEL：0966-24-4844）

◎多良木町北部利水を見直す会

会長：船越作正（TEL：0966-42-4596）／〒868-0501　熊本県球磨郡多良木町多良木1173－２

◎人吉の農業を考える農家と市民の会

会長：東　慶治郎（TEL：0966-23-4530）／〒868-0101　熊本県球磨郡相良村四浦東2815

◎川辺川・球磨川を守る漁民有志の会

代表：吉岡勝徳／〒868-0021　人吉市鬼木町北田1011－１（TEL：0966-24-4222）

◎球磨川から全てのダムをなくす会

会長：原　豊典（TEL：0966-22-7710）／〒868-0031　人吉市南願成寺町285

◎川辺川利水訴訟弁護団

団長：板井　優／〒860-0078　熊本市京町２－12－43　熊本中央法律事務所（TEL：096-322-2515／FAX：096-322-2573）

◎川辺川利水訴訟原告団

団長：梅山　究／〒868-0095　熊本県球磨郡相良村柳瀬94－３　川辺川の会事務所（TEL：0966-24-4844／FAX：0966-24-7236）

著者紹介

中里　喜昭（なかざと・きしょう）

1936年、長崎生まれ。三菱長崎造船技術学校卒。造船所勤務の後、作家専業。小説『仮のねむり』(新日本出版社，1970年度多喜二・百合子賞受賞)、『ふたたび歌え』（1973年，筑摩書房)、『与論の末裔』(1981年，同)、ルポ『香焼島』(1977年，晩聲社)、『ボケ　明日はわが身』（1995年，主婦と生活社)、青少年向け『人間らしく働く』（1973年緑陰図書。新日本出版社)、『オヤジがライバルだった』（1984年，ちくま少年図書館）など多数。日本文芸家協会員。文芸誌『葦牙』同人。

百姓の川　球磨・川辺——ダムって、何だ　（検印廃止）

2000年11月10日　初版第1刷発行

著　者　中　里　喜　昭

発行者　武　市　一　幸

発行所　株式会社　新　評　論

〒169-0051
東京都新宿区西早稲田 3-16-28

電話　(03)3202-7391
振替・00160-1-113487
http://www.shinhyoron.co.jp

印刷　フォレスト
製本　協栄製本
装丁　山田英春

落丁・乱丁はお取り替えします。
定価はカバーに表示してあります。

©中里喜昭　2000

Printed in Japan

ISBN4-7948-0501-2 C0036

売行良好書一覧

諏訪雄三 **アメリカは環境に優しいのか**　A 5　392頁　3200円 ISBN 4-7948-0303-6　〔96〕	【環境意思決定とアメリカ型民主主義の功罪】環境ＮＧＯ大国米国をモデルに，新しい倫理観と環境意思決定システムの方向性を探り出す。付録·アメリカ環境年表，ＮＧＯの横顔。
諏訪雄三 〈増補版〉 **日本は環境に優しいのか**　A 5　480頁　3800円 ISBN 4-7948-0401-6　〔98〕	【環境ビジョンなき国家の悲劇】地球温暖化，環境影響評価法の制定など1992年の地球サミット以降の取組を検証する。また，97年12月の第3回締約国会議以降の取組も増補。
R.クラーク／工藤秀明訳 **エコロジーの誕生**　四六　336頁　2718円 ISBN 4-7948-0226-9　〔94〕	【エレン·スワローの生涯 1842～1911】100年前，現代文明の形成期と同時に生まれた「エコロジー」の源流を創唱者で米国初の女性科学者の生涯を通して探る。鶴見和子氏推賞！
B.ルンドベリィ＋K.アブラム=ニルソン／川上邦夫訳 **視点をかえて**　A 5変　224頁　2200円 ISBN 4-7948-0419-9　〔98〕	【自然·人間·全体】太陽エネルギー，光合成，水の循環など，自然システムの核心をなす現象や原理がもつ，人間を含む全ての生命にとっての意味が新しい光の下に明らかになる。
福田成美 **デンマークの環境に優しい街づくり**　四六　250頁　2400円 ISBN 4-7948-0463-6　〔99〕	自治体，建築家，施工業者，地域住民が一体となって街づくりを行っているデンマーク。世界が注目する環境先進国の「新しい住民参加型の地域開発」から日本は何の学ぶのか。
飯田哲也 **北欧のエネルギーデモクラシー**　四六　280頁　2400円 ISBN 4-7948-0477-6　〔00〕	【未来は予測するものではない，選び取るものである】価格に対して合理的に振舞う単なる消費者から，自ら学習し，多元的な価値を読み取る発展的「市民」を目指して！

※表示価格は本体価格です。